Word & Excel & PowerPoint
Office 2019 対応版

Imasugu Tsukaeru Kantan Series : Word & Excel & PowerPoint 2019

技術評論社

本書の使い方

- 画面の手順解説だけを読めば、操作できるようになる！
- もっと詳しく知りたい人は、両端の「側注」を読んで納得！
- これだけは覚えておきたい機能を厳選して紹介！

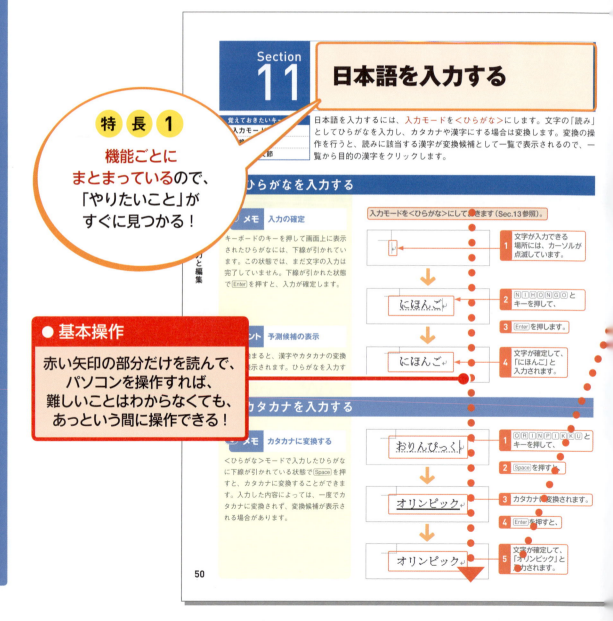

特長 1
機能ごとにまとまっているので、「やりたいこと」がすぐに見つかる！

● 基本操作
赤い矢印の部分だけを読んで、パソコンを操作すれば、難しいことはわからなくても、あっという間に操作できる！

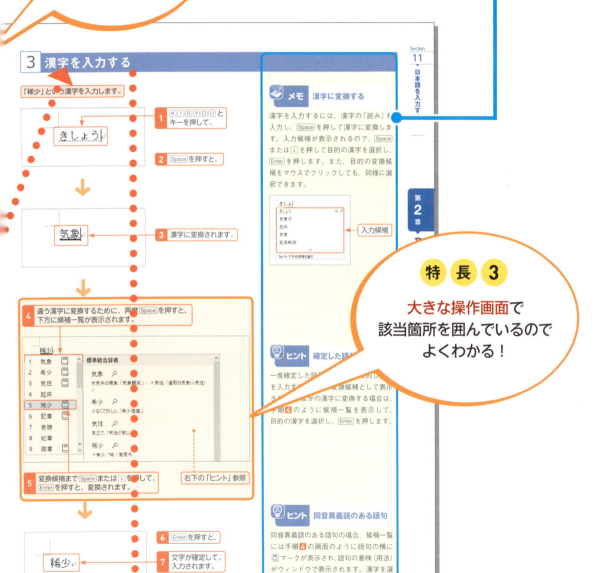

目次

第1章 Word・Excel・PowerPointの基本操作

Section 01 アプリケーションを起動・終了する 18
起動してファイルを開く／終了する

Section 02 リボンの基本操作 22
リボンを操作する／リボンからダイアログボックスを表示する／必要に応じてリボンが追加される／リボンの表示・非表示を切り替える

Section 03 操作を元に戻す・やり直す 26
操作を元に戻す・やり直す／操作を繰り返す

Section 04 新しいファイルを作成する 28
新規文書を作成する／テンプレートを利用して新規文書を作成する／テンプレートを検索してダウンロードする

Section 05 ファイルを保存する 32
名前を付けて保存する／上書き保存する

Section 06 ファイルを閉じる 34
文書を閉じる／保存せずに閉じたファイルを回復する

Section 07 保存したファイルを開く 36
保存したファイルを開く／エクスプローラーでファイルを検索して開く／タスクバーのジャンプリストからファイルを開く

第2章 文字入力と編集

Section 08 Wordとは? 40
Wordは高機能なワープロソフト／Wordでできること

Section 09 Wordの画面構成 42
基本的な画面構成／文書の表示モードを切り替える／ナビゲーションウィンドウを表示する

Section 10 文字入力の基本を知る 48
日本語入力と英字入力／入力モードを切り替える／「ローマ字入力」と「かな入力」を切り替える

Section 11 日本語を入力する 50
ひらがなを入力する／カタカナを入力する／漢字を入力する／複文節を変換する／確定後の文字を再変換する

Section 12 アルファベットを入力する 54
入力モードが「半角英数」の場合／入力モードが「ひらがな」の場合

Section 13 難しい漢字を入力する 56
IMEパッドを表示する／手書きで検索した漢字を入力する

Section 14 記号や特殊文字を入力する 58
記号の読みから変換して入力する／<記号と特殊文字>ダイアログボックスを利用して入力する

Section 15 文章を修正する　60

文字カーソルを移動する／文字を削除する／文字を挿入する／文字を上書きする

Section 16 文字列を選択する　64

ドラッグして文字列を選択する／ダブルクリックして単語を選択する／行を選択する／文（センテンス）を選択する／段落を選択する／離れたところにある文字を同時に選択する／ブロック選択で文字を選択する

Section 17 文字列をコピー・移動する　68

文字列をコピーして貼り付ける／ドラッグ&ドロップで文字列をコピーする／文字列を切り取って移動する／ドラッグ&ドロップで文字列を移動する

Section 18 文字を検索・置換する　72

文字列を検索する／文字列を置換する

Section 19 よく使う単語を登録する　74

単語を登録する

第3章　書式と段落の設定

Section 20 フォントやフォントサイズを変更する　76

フォントの種類を変更する／フォントサイズを変更する

Section 21 太字・斜体・下線・色を設定する　78

文字に太字や斜体を設定する／文字に下線を設定する／文字に色を付ける／そのほかの文字の効果を設定する

Section 22 箇条書きを設定する　82

箇条書きを作成する／あとから箇条書きに設定する／箇条書きを解除する

Section 23 文章を中央揃え・右揃えにする　84

段落の配置／文字列を中央に揃える／文字列を右側に揃える

Section 24 文字の先頭を揃える　86

文章の先頭にタブ位置を設定する／タブ位置を変更する

Section 25 字下げを設定する　88

インデントとは?／段落の1行目を下げる／段落の2行目以降を下げる／すべての行を下げる／1文字ずつインデントを設定する

Section 26 改ページを設定する　92

改ページ位置を設定する／改ページ位置の設定を解除する

Section 27 段組みを設定する　94

文書全体に段組みを設定する／特定の範囲に段組みを設定する

Section 28 書式をコピーして貼り付ける　96

設定済みの書式をほかの文字列に適用する／書式を連続してほかの文字列に適用する

目次

Section 29 形式を選択して貼り付ける　　98
貼り付ける形式を選択して貼り付ける

第4章　文書のレイアウトと印刷

Section 30 図形を挿入する　　100
図形を描く/直線を引いて太さを変更する

Section 31 図形を移動・整列する　　102
図形を移動・コピーする/図形を整列する

Section 32 写真を挿入する　　104
文書の中に写真を挿入する/写真にスタイルを設定する

Section 33 イラストを挿入する　　106
イラストを検索して挿入する

Section 34 文字を自由な位置に挿入する　　108
テキストボックスを挿入して文章を入力する/テキストボックスのサイズを調整する

Section 35 文字列の折り返しを設定する　　110
文字列の折り返しを表示する

Section 36 表を作成する　　112
行数と列数を指定して表を作成する

Section 37 文書のサイズや余白を設定する　　114
用紙のサイズを設定する/ページの余白と用紙の向きを設定する

Section 38 ページ番号を挿入する　　116
文書の下にページ番号を挿入する/ページ番号のデザインを変更する

Section 39 文書を印刷する　　118
印刷プレビューで印刷イメージを確認する/印刷設定を確認して印刷する

Section 40 両面印刷を行う　　120
両面印刷をする

第5章　データ入力と表の操作

Section 41 Excelとは？　　122
表計算ソフトとは？/Excelではこんなことができる!

Section 42 Excelの画面構成　　124
基本的な画面構成/ブック・シート・セル

Section 43 データ入力の基本を知る　　126
数値を入力する/「,」や「¥」、「%」付きの数値を入力する/日付と時刻を入力する/文字を入力する

Section 44　連続したデータをすばやく入力する　130
同じデータをすばやく入力する／連続するデータをすばやく入力する／間隔を指定して日付データを入力する／ダブルクリックで連続するデータを入力する

Section 45　データを修正する　134
セルのデータを修正する／セルのデータの一部を修正する

Section 46　データを削除する　136
セルのデータを削除する／複数のセルのデータを削除する

Section 47　セル範囲を選択する　138
複数のセル範囲を選択する／離れた位置にあるセルを選択する／アクティブセル領域を選択する／行や列を選択する／行や列をまとめて選択する

Section 48　データをコピー・移動する　142
データをコピーする／ドラッグ操作でデータをコピーする／データを移動する／ドラッグ操作でデータを移動する

Section 49　行や列をコピー・移動する　146
行や列をコピーする／行や列を移動する

Section 50　行や列を挿入・削除する　148
行や列を挿入する／行や列を削除する

Section 51　セルを挿入・削除する　150
セルを挿入する／セルを削除する

Section 52　ワークシートを追加する　152
ワークシートを追加する／ワークシートを切り替える

第6章　文字とセルの書式設定

Section 53　セルの表示形式を変更する　154
表示形式を通貨スタイルに変更する／表示形式をパーセンテージスタイルに変更する

Section 54　文字の配置を変更する　156
文字をセルの中央に揃える／セルに合わせて文字を折り返す

Section 55　文字のスタイルを変更する　158
文字を太字にする／文字を斜体にする

Section 56　フォントサイズやフォントを変更する　160
フォントサイズを変更する／フォントの種類を変更する

Section 57　文字やセルに色を付ける　162
文字に色を付ける／セルに色を付ける

Section 58　罫線を引く　164
選択した範囲に罫線を引く／太線で罫線を引く

目次

Section **59**	**列幅や行の高さを調整する**	166

ドラッグして列幅を変更する／セルのデータに列の幅を合わせる

Section **60**	**セルを結合する**	168

セルを結合して文字を中央に揃える／文字を左揃えのままセルを結合する

Section **61**	**セルの書式をコピーする**	170

書式をコピーして貼り付ける／書式を連続して貼り付ける

Section **62**	**値や数式のみ貼り付ける**	172

貼り付けのオプション／値のみを貼り付ける

Section **63**	**条件に基づいて書式を変更する**	174

条件付き書式とは?

第 7 章 数式と関数の利用

Section **64**	**数式と関数の基本を知る**	176

数式とは?／関数とは?／関数の書式

Section **65**	**数式を入力する**	178

数式を入力して計算する

Section **66**	**数式にセル参照を利用する**	180

セル参照を利用して計算する

Section **67**	**計算する範囲を変更する**	182

参照先のセル範囲を広げる／参照先のセル範囲を移動する

Section **68**	**コピー時のセルの参照先について知る(参照方式)**	184

相対参照・絶対参照・複合参照の違い／参照方式を切り替える

Section **69**	**セル番地が変わらないようにコピーする(絶対参照)**	186

数式を相対参照でコピーした場合／数式を絶対参照にしてコピーする

Section **70**	**行・列が変わらないようにコピーする(複合参照)**	188

複合参照でコピーする

Section **71**	**計算結果を切り上げ・切り捨てる**	190

数値を四捨五入する／数値を切り上げる／数値を切り捨てる

Section **72**	**関数を入力する**	192

関数の入力方法／<関数ライブラリ>のコマンドを使う／<関数の挿入>ダイアログボックスを使う

第 8 章 データの操作とグラフ・印刷

Section **73**	**データを検索する**	198

<検索と置換>ダイアログボックスを表示する／文字列を検索する

Section	74	データを置換する	200

<検索と置換>ダイアログボックスを表示する / 文字列を置換する

Section	75	データを並べ替える	202

データを昇順や降順に並べ替える / 2つの条件でデータを並べ替える / 独自の順序でデータを並べ替える

Section	76	条件に合ったデータを抽出する	206

オートフィルターを利用してデータを抽出する

Section	77	グラフを作成する	208

<おすすめグラフ>を利用してグラフを作成する

Section	78	グラフの位置やサイズを変更する	210

グラフを移動する / グラフのサイズを変更する

Section	79	グラフのレイアウトやデザインを変更する	212

グラフ全体のレイアウトを変更する / グラフのスタイルを変更する

Section	80	ワークシートを印刷する	214

印刷プレビューを表示する / 印刷の向きや用紙サイズ、余白の設定を行う / 印刷を実行する

Section	81	1ページに収まるように印刷する	218

はみ出した表を1ページに収める

Section	82	指定した範囲だけを印刷する	220

印刷範囲を設定する / 特定のセル範囲を一度だけ印刷する

Section	83	グラフのみを印刷する	222

グラフを印刷する

第9章 文字入力とスライドの操作

Section	84	PowerPointとは？	224

プレゼンテーション用の資料を作成する / プレゼンテーションを実行する

Section	85	PowerPointの画面構成	226

基本的な画面構成 / プレゼンテーションの構成 / スライドの表示を切り替える

Section	86	PowerPointの表示モード	228

表示モードを切り替える / 表示モードの種類

Section	87	新しいスライドを追加する	230

新しいスライドを挿入する / スライドのレイアウトを変更する

Section	88	スライドの順序を入れ替える	232

スライドサムネイルでスライドの順序を変更する / スライド一覧表示モードでスライドの順序を変更する

Section	89	スライドを複製・コピー・削除する	234

プレゼンテーション内のスライドを複製する / 他のプレゼンテーションのスライドをコピーする / スライドを削除する

9

目次

Section	90	スライドに文字を入力する	238
		スライドのタイトルを入力する / スライドのテキストを入力する	
Section	91	段落の行頭を設定する	240
		行頭記号の種類を変更する	
Section	92	フォントやフォントサイズを変更する	242
		フォントの種類を変更する / フォントサイズを変更する	
Section	93	文字色やスタイルを変更する	244
		フォントの色を変更する / 文字列にスタイルを設定する	
Section	94	本文を段組みにする	246
		<自動調整オプション>から2段組みにする	

第10章 図表や画像の挿入

Section	95	図形を描く	248
		既定の大きさの図形を作成する / 任意の大きさの図形を作成する	
Section	96	図形を移動・コピーする	250
		図形を移動する / 図形をコピーする	
Section	97	図形の大きさや形を変更する	252
		図形の大きさを変更する / 図形の形状を変更する	
Section	98	図形の線や色を変更する	254
		線の太さを変更する / 線や塗りつぶしの色を変更する	
Section	99	図形の中に文字列を入力する	256
		作成した図形に文字列を入力する / 文字列の書式を変更する	
Section	100	図形の重なる順番を調整する	258
		図形の重なり順を変更する	
Section	101	SmartArtで図表を作成する	260
		SmartArtを挿入する / SmartArtに文字列を入力する	
Section	102	画像を挿入する	262
		パソコン内の画像を挿入する	
Section	103	動画を挿入する	264
		パソコン内の動画を挿入する	
Section	104	Excelのグラフを貼り付ける	266
		グラフを貼り付ける / Excelとリンクしたグラフを貼り付ける	

第11章 プレゼンテーションと印刷

Section 105	**スライド切り替え時の効果を設定する**	270

画面切り替え効果を設定する / 効果のオプションを設定する

Section 106	**テキストや図形にアニメーションを設定する**	272

アニメーションを設定する / アニメーション効果を確認する

Section 107	**発表者ツールを使ってスライドショーを実行する**	274

発表者ツールを実行する / スライドショーを実行する

Section 108	**スライドショーを進行する**	276

スライドショーを進行する

Section 109	**スライドを印刷する**	278

スライドを1枚ずつ印刷する / 1枚に複数のスライドを配置して印刷する

索引(Word)	282
索引(Excel)	284
索引(PowerPoint)	286

ご注意：ご購入・ご利用の前に必ずお読みください

- 本書に記載された内容は、情報提供のみを目的としています。したがって、本書を用いた運用は、必ずお客様自身の責任と判断によって行ってください。これらの情報の運用の結果について、技術評論社および著者はいかなる責任も負いません。

- ソフトウェアに関する記述は、特に断りのないかぎり、2019年5月現在での最新情報をもとにしています。これらの情報は更新される場合があり、本書の説明とは機能内容や画面図などが異なってしまうことがあり得ます。あらかじめご了承ください。

- 本書の内容は、以下の環境で制作し、動作を検証しています。それ以外の環境では、機能内容や画面図が異なる場合があります。
    - ・Windows 10 Pro
    - ・Word 2019 , Excel 2019 , PowerPoint 2019

- インターネットの情報については、URLや画面などが変更されている可能性があります。ご注意ください。

以上の注意事項をご承諾いただいた上で、本書をご利用願います。これらの注意事項をお読みいただかずに、お問い合わせいただいても、技術評論社および著者は対処しかねます。あらかじめご承知おきください。

■本書に掲載した会社名、プログラム名、システム名などは、米国およびその他の国における登録商標または商標です。本文中では ™、® マークは明記していません。

パソコンの基本操作

- 本書の解説は、基本的にマウスを使って操作することを前提としています。
- お使いのパソコンのタッチパッド、タッチ対応モニターを使って操作する場合は、各操作を次のように読み替えてください。

1 マウス操作

▼クリック（左クリック）

クリック（左クリック）の操作は、画面上にある要素やメニューの項目を選択したり、ボタンを押したりする際に使います。

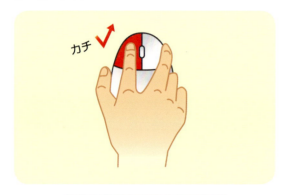

マウスの左ボタンを1回押します。

タッチパッドの左ボタン（機種によっては左下の領域）を1回押します。

▼右クリック

右クリックの操作は、操作対象に関する特別なメニューを表示する場合などに使います。

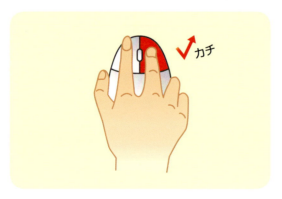

マウスの右ボタンを1回押します。

タッチパッドの右ボタン（機種によっては右下の領域）を1回押します。

▼ ダブルクリック

ダブルクリックの操作は、各種アプリを起動したり、ファイルやフォルダーなどを開く際に使います。

マウスの左ボタンをすばやく2回押します。

タッチパッドの左ボタン（機種によっては左下の領域）をすばやく2回押します。

▼ ドラッグ

ドラッグの操作は、画面上の操作対象を別の場所に移動したり、操作対象のサイズを変更する際などに使います。

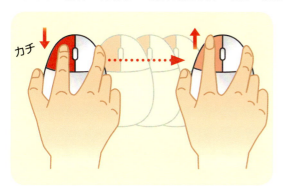

マウスの左ボタンを押したまま、マウスを動かします。目的の操作が完了したら、左ボタンから指を離します。

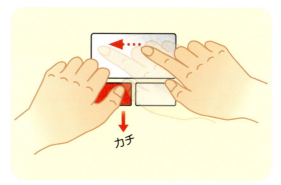

タッチパッドの左ボタン（機種によっては左下の領域）を押したまま、タッチパッドを指でなぞります。目的の操作が完了したら、左ボタンから指を離します。

 ホイールの使い方

ほとんどのマウスには、左ボタンと右ボタンの間にホイールが付いています。ホイールを上下に回転させると、Webページなどの画面を上下にスクロールすることができます。そのほかにも、Ctrlを押しながらホイールを回転させると、画面を拡大／縮小したり、フォルダーのアイコンの大きさを変えることができます。

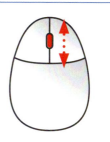

2 利用する主なキー

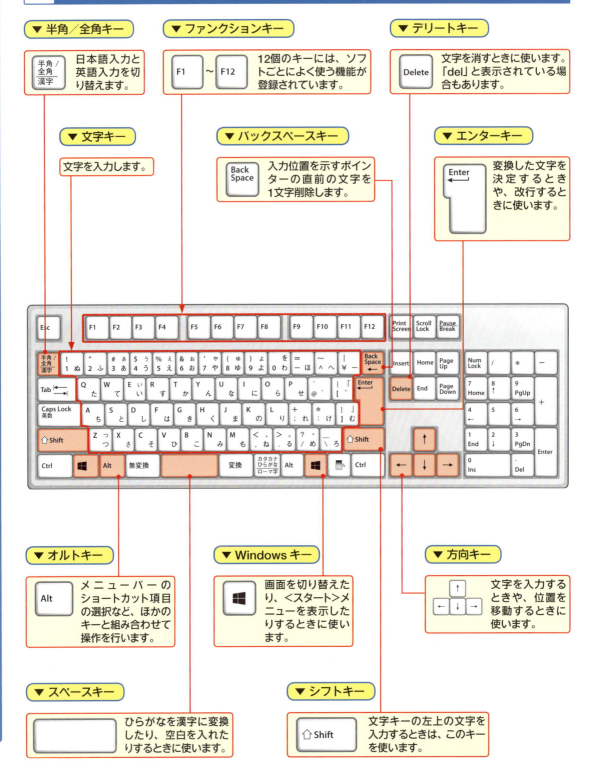

▼ 半角/全角キー
日本語入力と英語入力を切り替えます。

▼ ファンクションキー
12個のキーには、ソフトごとによく使う機能が登録されています。

▼ デリートキー
文字を消すときに使います。「del」と表示されている場合もあります。

▼ 文字キー
文字を入力します。

▼ バックスペースキー
入力位置を示すポインターの直前の文字を1文字削除します。

▼ エンターキー
変換した文字を決定するときや、改行するときに使います。

▼ オルトキー
メニューバーのショートカット項目の選択など、ほかのキーと組み合わせて操作を行います。

▼ Windowsキー
画面を切り替えたり、<スタート>メニューを表示したりするときに使います。

▼ 方向キー
文字を入力するときや、位置を移動するときに使います。

▼ スペースキー
ひらがなを漢字に変換したり、空白を入れたりするときに使います。

▼ シフトキー
文字キーの左上の文字を入力するときは、このキーを使います。

3 タッチ操作

▼ タップ

画面に触れてすぐ離す操作です。ファイルなど何かを選択する時や、決定を行う場合に使用します。マウスでのクリックに当たります。

▼ ダブルタップ

タップを2回繰り返す操作です。各種アプリを起動したり、ファイルやフォルダーなどを開く際に使用します。マウスでのダブルクリックに当たります。

▼ ホールド

画面に触れたまま長押しする操作です。詳細情報を表示するほか、状況に応じたメニューが開きます。マウスでの右クリックに当たります。

▼ ドラッグ

操作対象をホールドしたまま、画面の上を指でなぞり、上下左右に移動します。目的の操作が完了したら、画面から指を離します。

▼ スワイプ/スライド

画面の上を指でなぞる操作です。ページのスクロールなどで使用します。

▼ フリック

画面を指で軽く払う操作です。スワイプと混同しやすいので注意しましょう。

▼ ピンチ/ストレッチ

2本の指で対象に触れたまま指を広げたり狭めたりする操作です。拡大(ストレッチ)／縮小(ピンチ)が行えます。

▼ 回転

2本の指先を対象の上に置き、そのまま両方の指で同時に右または左方向に回転させる操作です。

サンプルファイルのダウンロード

● 本書で使用しているサンプルファイルは、以下のURLのサポートページからダウンロードすることができます。ダウンロードしたときは圧縮ファイルの状態なので、展開してから使用してください。

```
https://gihyo.jp/book/2019/978-4-297-10267-8/support
```

▼ サンプルファイルをダウンロードする

1 ブラウザーを起動します。

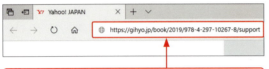

2 ここをクリックしてURLを入力し、Enterを押します。

3 表示された画面をスクロールし、<ダウンロード>にある<サンプルファイル>をクリックします。

4 <保存>をクリックしてファイルをダウンロードし、<開く>をクリックします。

▼ ダウンロードした圧縮ファイルを展開する

1 エクスプローラー画面でファイルが開くので、

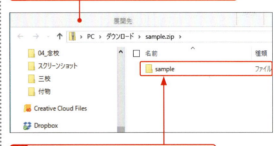

2 表示されたフォルダーをクリックします。

3 <展開>タブをクリックして、

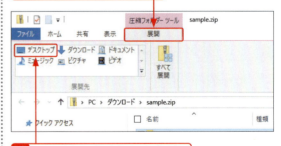

4 <デスクトップ>をクリックすると、

5 ファイルが展開されます。

Chapter 01

第1章

Word・Excel・PowerPointの基本操作

Section	01	アプリケーションを起動・終了する
	02	リボンの基本操作
	03	操作を元に戻す・やり直す
	04	新しいファイルを作成する
	05	ファイルを保存する
	06	ファイルを閉じる
	07	保存したファイルを開く

Section 01 アプリケーションを起動・終了する

覚えておきたいキーワード
☑ スタートメニュー
☑ 起動
☑ 終了

Word、Excel、PowerPointを起動するには、スタートメニューに登録されているアイコンをクリックします。起動すると「新規」画面が表示されるので、目的の操作をクリックします。作業が終わったら、＜閉じる＞をクリックして終了します。

1 起動してファイルを開く

メモ 共通操作

Word、Excel、PowerPointは起動や終了など一部の操作が共通しています。この章ではWordを使ってこれらの共通操作、特に基本的な操作を解説します。

ここではWordで操作を解説します。

1 Windows 10を起動して、

2 ＜スタート＞をクリックすると、

3 スタートメニューが表示されます。

4 ＜Word＞をクリックすると、

キーワード スタートメニュー

＜スタート＞をクリックすると、スタートメニューが表示されます。左側にはナビゲーションバー、右側にはよく使うアプリのタイル、中央にアプリのメニューが表示されます。メニューを下にスクロールして、＜Word＞をクリックすると、Wordが起動します。
同様に＜Excel＞をクリックするとExcelが、＜PowerPoint＞をクリックするとPowerPointが起動します。
Wordの概要はSec.08、ExcelはSec.41、PowerPointはSec.84を確認してください。

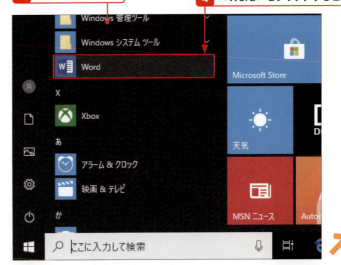

5 Word 2019が起動して、スタート画面が開きます。

6 <白紙の文書>をクリックすると、

7 新しい文書が作成されます。

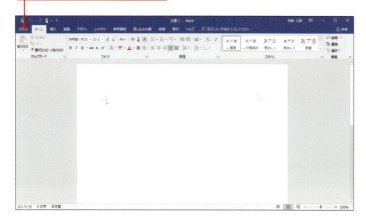

ヒント 表示が異なる

手順 **5** ～ **7** など一部の操作は Excel や PowerPoint と表示が異なります。

キーワード Windows 10

本書は、Windows 10 上で Word、Excel、PowerPoint を使用する方法について解説を行います。

ステップアップ タッチモードに切り替える

パソコンがタッチスクリーンに対応している場合は、クイックアクセスツールバーに<タッチ/マウスモードの切り替え> が表示されます。これをクリックすることで、タッチモードとマウスモードを切り替えることができます。タッチモードにすると、タブやコマンドの表示間隔が広がってタッチ操作がしやすくなります。

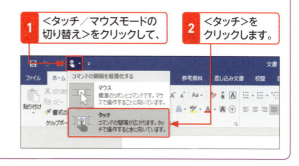

Section 01 アプリケーションを起動・終了する

第1章 Word・Excel・PowerPoint の基本操作

19

Section 01 アプリケーションを起動・終了する

2 終了する

ヒント **複数のファイルを開いている場合**

Word、Excel、PowerPoint を終了するには、右の手順で操作を行います。ただし、複数のファイルを開いている場合は、＜閉じる＞をクリックしたウィンドウだけが閉じられて、他のウィンドウはそのまま残ります。

ここではWordで操作を解説します。

1 ＜閉じる＞をクリックすると、

2 Wordが終了して、デスクトップ画面に戻ります。

ヒント **ファイルを閉じる**

終了ではなく、開いているファイルを閉じるだけの場合は、「ファイルを閉じる」操作を行います（Sec.06参照）。

ヒント **ファイルを保存していない場合**

ファイルの作成や編集をしていた場合に、ファイルを保存しないで終了しようとすると、右図の画面が表示されます。ファイルの保存について、詳しくはSec.05を参照してください。なお、ファイルを保存せずに閉じた場合、4日以内であれば回復できます（P.35「ヒント」参照）。

Wordの場合の画面です。

Wordの終了を取り消すには、＜キャンセル＞をクリックします。

文書を保存してから終了するには、＜保存＞をクリックします。

文書を保存せずに終了するには、＜保存しない＞をクリックします。

ステップアップ スタートメニューやタスクバーにアイコンを登録する

スタートメニューやタスクバーにアイコンを登録（ピン留め）しておくと、すばやく起動できます。
スタートメニューの右側にアイコンを登録するには、＜スタート＞をクリックして、＜すべてのアプリ＞をクリックし、＜Word＞（もしくは＜Excel＞＜PowerPoint＞）を右クリックして、＜スタート画面にピン留めする＞をクリックします。また、＜その他＞→＜タスクバーにピン留めする＞をクリックすると、画面下のタスクバーに登録されます。
起動時にタスクバーに表示されるアイコンを右クリックして、＜タスクバーにピン留めする＞をクリックしても登録できます。アイコンの登録をやめるには、登録したアイコンを右クリックして、＜タスクバーからピン留めを外す＞をクリックします。

スタートメニューから登録する

1. P.18を参照してスタートメニューを表示します。
2. ＜Word＞を右クリックして、

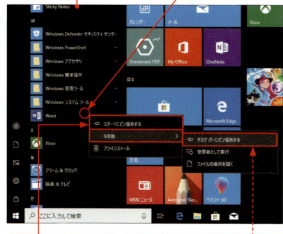

3. ＜スタート画面にピン留めする＞をクリックします。

＜その他＞→＜タスクバーにピン留めする＞をクリックすると、タスクバーに登録されます（右下図参照）。

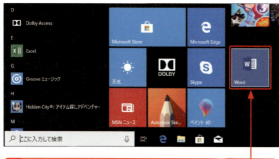

4. スタートメニューの右側にアイコン（ここではWord）が登録されます。

起動したアイコンから登録する

1. アイコンを右クリックして、

2. ＜タスクバーにピン留めする＞をクリックすると、

3. タスクバーにアイコン（ここではWord）が登録されます。

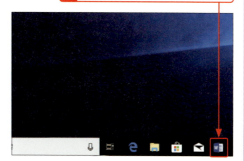

Section 02 リボンの基本操作

覚えておきたいキーワード
- ☑ リボン
- ☑ コマンド
- ☑ グループ

Word、Excel、PowerPointでは主要な機能をリボンの中に登録されているコマンドから実行できます。また、リボンに用意されていない機能は、ダイアログボックスや作業ウィンドウを表示して設定できます。リボンは、必要ないときは非表示にもできます。

1 リボンを操作する

メモ 画面構成

リボンや画面全体の構成に関しては、WordはSec.09、ExcelはSec.42、PowerPointはSec.85を参照してください。

キーワード リボンのグループ

リボンはタブによって分類されています。それぞれのタブは、さらに用途別の「グループ」に分かれています。各グループのコマンドをクリックすることによって、機能を実行したり、メニューやダイアログボックス、作業ウィンドウを表示したりできます。

ヒント 必要なコマンドが見つからない？

必要なコマンドが見つからない場合は、グループの右下にある をクリックしたり（次ページ参照）、メニューの末尾にある項目をクリックしたりすると、該当するダイアログボックスや作業ウィンドウが表示されます。

ヒント リボンの表示は画面サイズによって変わる

リボンのグループとコマンドの表示は、画面のサイズによって変化します。画面サイズを小さくしている場合などは、リボンが縮小し、グループだけが表示される場合があります。

ここではWordで操作を解説します。

1 リボンのタブをクリックして、 コマンド グループ

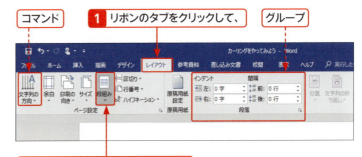

2 目的のコマンドをクリックします。

3 コマンドをクリックしてドロップダウンメニューが表示されたときは、

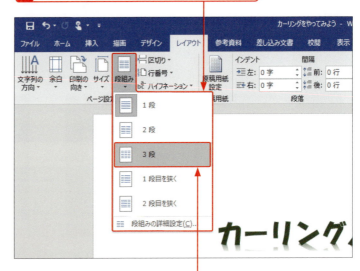

4 メニューから目的の機能をクリックします。

2 リボンからダイアログボックスを表示する

ここではWordで操作を解説します。

1 いずれかのタブをクリックして、

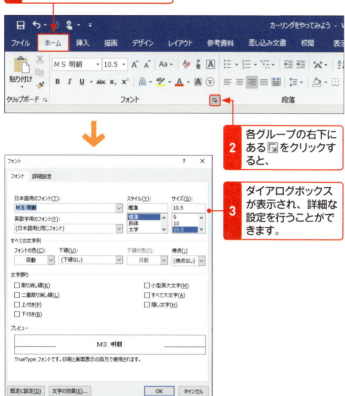

2 各グループの右下にある をクリックすると、

3 ダイアログボックスが表示され、詳細な設定を行うことができます。

メモ 追加のオプションがある場合

各グループの右下に （ダイアログボックス起動ツール）が表示されているときは、そのグループに追加のオプションがあることを示しています。

ヒント コマンドの機能を確認する

コマンドにマウスポインターを合わせると、そのコマンドの名称と機能を、文章や画面のプレビューで確認することができます。

1 コマンドにマウスポインターを合わせると、

2 コマンドの機能がプレビューで確認できます。

3 必要に応じてリボンが追加される

ここではWordで操作を解説します。

1 文書にイラストや写真などを挿入してクリックすると、

2 ＜図ツール＞の＜書式＞タブが追加表示されます。

メモ 作業に応じて追加されるタブ

通常のタブのほかに、図や写真、表などをクリックして選択すると、右端にタブが追加表示されます。このように作業に応じて表示されるタブには、＜SmartArtツール＞の＜デザイン＞＜書式＞タブや、＜表ツール＞の＜デザイン＞＜レイアウト＞タブなどがあります。ファイル内に図や表があっても、選択されていなければこのタブは表示されません。

4 リボンの表示・非表示を切り替える

メモ リボンの表示方法

リボンは、タブとコマンドが表示されている領域を指します。＜リボンの表示オプション＞ を利用すると、タブとコマンドの表示／非表示を切り替えることができます。

また、＜リボンを折りたたむ＞ を利用しても、タブのみの表示にすることができます（次ページの「ステップアップ」参照）。

ヒント リボンを折りたたむそのほかの方法

いずれかのタブを右クリックして、メニューから＜リボンを折りたたむ＞をクリックします。これで、タブのみの表示にすることができます。

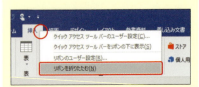

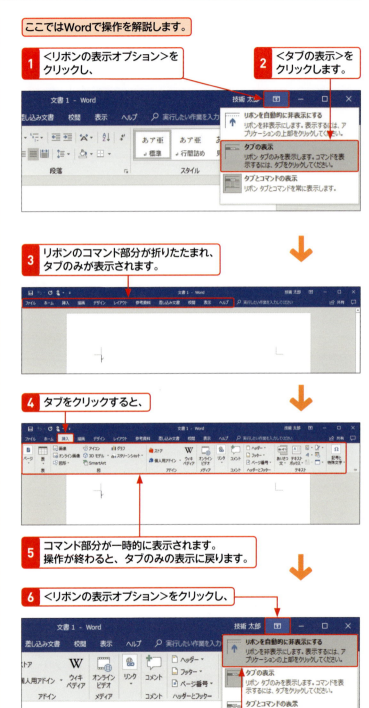

ここではWordで操作を解説します。

1 ＜リボンの表示オプション＞をクリックし、

2 ＜タブの表示＞をクリックします。

3 リボンのコマンド部分が折りたたまれ、タブのみが表示されます。

4 タブをクリックすると、

5 コマンド部分が一時的に表示されます。操作が終わると、タブのみの表示に戻ります。

6 ＜リボンの表示オプション＞をクリックし、

7 ＜リボンを自動的に非表示にする＞をクリックすると、

8 リボンが非表示になります。

9 ＜リボンの表示オプション＞をクリックし、

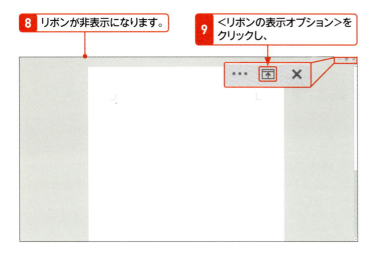

10 ＜タブとコマンドの表示＞をクリックすると、もとの表示に戻ります。

> **ヒント　一時的にリボンを表示する**
>
> リボン非表示時の右上にある をクリックすると、一時的にタブとコマンドを表示することができます。

> **ヒント　表示倍率を変更するには？**
>
> ＜表示＞タブの＜ズーム＞をクリックして表示される＜ズーム＞ダイアログボックスや画面右下のズームスライダーや ＜縮小＞／＜拡大＞を使って、画面の表示倍率を変更することができます。
>
>

Section 02　リボンの基本操作

第1章　Word・Excel・PowerPointの基本操作

ステップアップ　＜リボンを折りたたむ＞機能を利用する

リボンの右端に表示される＜リボンを折りたたむ＞をクリックすると、リボンがタブのみの表示になります。必要なときにタブをクリックして、コマンド部分を一時的に表示することができます。もとの表示に戻すには、＜リボンの固定＞をクリックします。

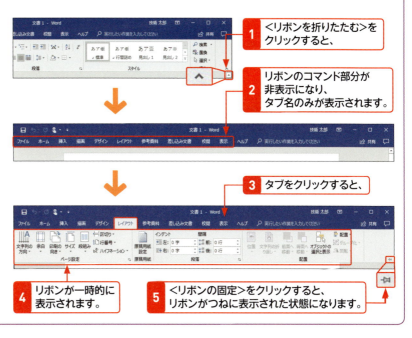

1 ＜リボンを折りたたむ＞をクリックすると、

2 リボンのコマンド部分が非表示になり、タブ名のみが表示されます。

3 タブをクリックすると、

4 リボンが一時的に表示されます。

5 ＜リボンの固定＞をクリックすると、リボンがつねに表示された状態になります。

25

Section 03 操作を元に戻す・やり直す

覚えておきたいキーワード
- 元に戻す
- やり直す
- クイックアクセスツールバー

操作を間違ったり、操作をやり直したい場合は、画面上部クイックアクセスツールバーにある＜元に戻す＞や＜やり直し＞を使います。直前に行った操作だけでなく、連続した複数の操作も、まとめて取り消せます。また、WordとPowerPointでは同じ操作を続けて行うのに、＜繰り返し＞も利用できます。

1 操作を元に戻す・やり直す

メモ 操作をもとに戻す

クイックアクセスツールバーの＜元に戻す＞ のをクリックすると、直前に行った操作を最大100ステップまで取り消すことができます。ただし、ファイルを閉じると、元に戻すことはできなくなります。

ここではWordで操作を解説します。

1 文字列を選択して、

2 Delete か BackSpace を押して削除します。

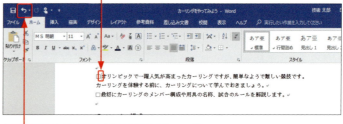

3 ＜元に戻す＞をクリックすると、

4 直前に行った操作が取り消され、もとに戻ります。

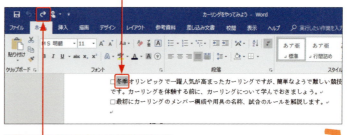

5 ＜やり直し＞をクリックすると、

ステップアップ 複数の操作を元に戻す

直前の操作だけでなく、複数の操作をまとめて取り消すことができます。＜元に戻す＞ の をクリックし、表示される一覧から目的の操作をクリックします。やり直す場合も、同様の操作が行えます。

1 ここをクリックすると、

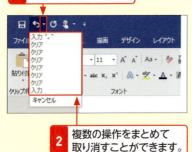

2 複数の操作をまとめて取り消すことができます。

6 直前に行った操作がやり直され、文字列が削除されます。

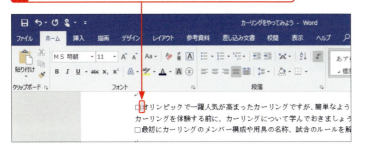

> **メモ** 操作をやり直す
>
> クイックアクセスツールバーの＜やり直し＞ をクリックすると、取り消した操作を順番にやり直すことができます。ただし、ファイルを閉じるとやり直すことはできなくなります。

2 操作を繰り返す

ここではWordで操作を解説します。

1 文字列を入力して、

2 ＜繰り返し＞をクリックすると、

3 直前の操作が繰り返され、同じ文字列が入力されます。

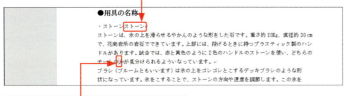

4 カーソルをほかの場所に移動して、

5 ＜繰り返し＞をクリックすると、

6 同じ文字列が入力されます。

> **メモ** 操作を繰り返す
>
> WordとPowerPointでは、文字の入力や貼り付け、書式設定といった操作をクイックアクセスツールバーの＜繰り返し＞から繰り返すことができます。操作を1回行うと、クイックアクセスツールバーに＜繰り返し＞ が表示されます。 をクリックすることで、別の操作を行うまで何度でも同じ操作を繰り返せます。なお、Excelではクイックアクセスツールバーに＜繰り返し＞が表示されません。

> **ヒント** ファイルを閉じると元に戻せない
>
> ここで解説した、操作を元に戻す・やり直す・繰り返す機能はファイルを開いてから閉じるまでの操作に対して利用することができます。
> ファイルを保存して閉じたあとに再度文書を開いても、文書を閉じる前に行った操作にさかのぼることはできません。ファイルを閉じる際には注意しましょう。

Section 04 新しいファイルを作成する

覚えておきたいキーワード
- ☑ 新規
- ☑ 白紙の文書
- ☑ テンプレート

起動画面では、＜白紙の文書＞もしくは＜空白のブック＞、＜新しいプレゼンテーション＞をクリックすると、新しいファイルを作成できます。すでに文書を開いている場合は、＜ファイル＞タブの＜新規＞をクリックして同様の操作ができます。また、＜新規＞の画面からテンプレートを利用できます。

1 新規文書を作成する

 メモ　Wordの起動画面

Wordを起動した画面では、＜白紙の文書＞をクリックするとテンプレートが適用されない新しい文書を開くことができます。

ここではWordで文書を開いている状態で、新しい文書を作成します。

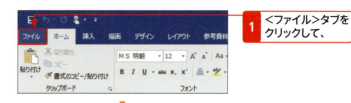

1. ＜ファイル＞タブをクリックして、

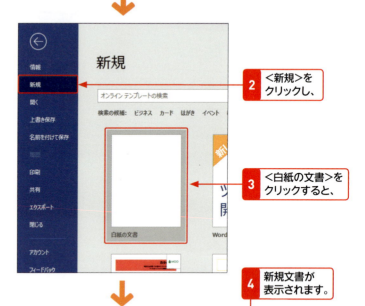

2. ＜新規＞をクリックし、

3. ＜白紙の文書＞をクリックすると、

4. 新規文書が表示されます。

メモ　Excel・PowerPointの起動画面

Excelの起動画面では＜空白のブック＞、PowerPointの起動画面では＜新しいプレゼンテーション＞をクリックすることで、新しいファイルを作成できます。

2 テンプレートを利用して新規文書を作成する

ここではWordで文書が開いている状態で、テンプレートを利用します。

1 <ファイル>タブをクリックして、

2 <新規>をクリックします。

3 ドラッグしながらテンプレートを探して、

4 使いたいテンプレートをクリックします。

キーワード テンプレート

「テンプレート」とは、あらかじめデザインが設定されたファイルのひな形のことです。作成したいファイルの内容と同じテンプレートがある場合、白紙の状態からファイルを作成するよりも効率的にファイルを作成できます。BackStageビューに表示されているテンプレートから探すか、<オンラインテンプレートの検索>ボックスで検索します。

キーワード BackStageビュー

BackStageビューは<ファイル>タブをクリックすると表示されます。ファイルの保存や共有などファイルに対する操作はここから行えます。

ヒント ほかのテンプレートに切り替える

テンプレートをクリックすると、プレビュー画面が表示されます。左右の ◀ ▶ をクリックすると、テンプレートが順に切り替わるので、選び直せます。なお、プレビュー画面でテンプレートの選択をやめたい場合は、手順 5 のウィンドウの<閉じる> ✕ をクリックします。

5 <作成>をクリックします。

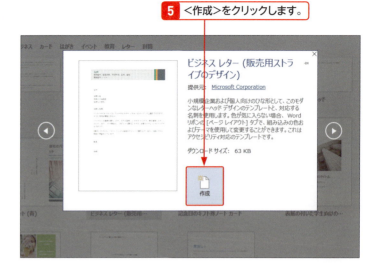

メモ Excel・PowerPointのテンプレート

ExcelやPowerPointも同様にテンプレートを利用できます。請求書などのビジネス書類から、誕生日カードまで幅広く利用できます(P.31参照)。

6 テンプレートがダウンロードされます。

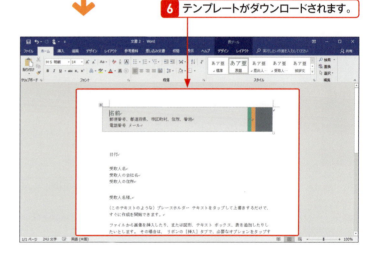

7 自分用に書き換えて利用します。

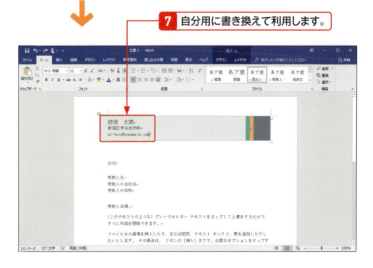

ヒント テンプレート内の書式設定

テンプレートの種類によっては、入力位置が表形式で固定されている場合があります。書式の設定を確認して利用しましょう。

3 テンプレートを検索してダウンロードする

ここではWordで操作しています。

1 <ファイル>タブをクリックし、<新規>をクリックします。

2 ここをクリックして、

3 キーワードを入力し、Enterを押します。

4 キーワードに関連するテンプレートの一覧が表示されるので、

5 目的のテンプレートをクリックすると、

「ヒント」参照

6 プレビュー画面が表示されるので、<作成>をクリックすると、テンプレートがダウンロードされます。

メモ テンプレートの検索

最初に表示されるテンプレートの種類はあまり多くありません。使いたいテンプレートがない場合は、検索してダウンロードしましょう。テンプレートを検索するには、<オンラインテンプレートの検索>（PowerPointの場合は<オンラインテンプレートとテーマの検索>）ボックスにキーワードを入力します。検索には、<検索の候補>にあるカテゴリを利用することもできます。

ヒント カテゴリで絞り込む

テンプレートをキーワードで検索すると、キーワードに合致するテンプレートの一覧のほかに、<カテゴリ>が表示されます。カテゴリをクリックすると、テンプレートが絞り込まれて表示されるので、探しやすくなります。

カテゴリを絞り込みます。

Section 04 新しいファイルを作成する

第1章 Word・Excel・PowerPointの基本操作

31

Section 05 ファイルを保存する

覚えておきたいキーワード
☑ 名前を付けて保存
☑ 上書き保存
☑ ファイルの種類

作成したファイルを保存しておけば、あとから何度でも利用できます。ファイルの保存には、作成したファイルや編集したファイルを新規ファイルとして保存する名前を付けて保存と、ファイル名はそのままで、ファイルの内容を更新する上書き保存があります。

1 名前を付けて保存する

メモ　名前を付けて保存する

作成した文書を新しいWordファイルとして保存するには、保存場所を指定して名前を付けます。一度保存したファイルを、違う名前で保存することも可能です。また、名前はあとから変更することもできます(次ページの「ステップアップ」参照)。

ここではWordで解説します。

1　新しい文書を作成したら、<ファイル>タブをクリックします。

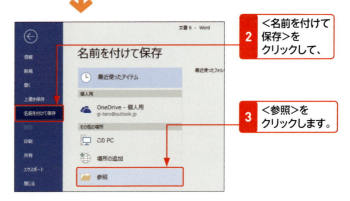

2　<名前を付けて保存>をクリックして、

3　<参照>をクリックします。

ヒント　フォルダーを作成するには?

ファイルを保存する際に、保存先のフォルダーを新しく作ることができます。<名前を付けて保存>ダイアログボックスで、<新しいフォルダー>をクリックします。新しいフォルダーの名前を入力して、そのフォルダーをファイルの保存先に指定します。

4　<名前を付けて保存>ダイアログボックスが表示されます。

5　保存先のフォルダーを指定して、

6 ファイル名を入力し、　　7 <保存>をクリックします。

8 文書が保存されて、タイトルバーにファイル名が表示されます。

メモ　ファイルの種類

<ファイルの種類>から保存形式を選択すると通常とは異なる形式で保存できます。

ヒント　文書ファイルの種類

Word 2019の文書として保存する場合は、<名前を付けて保存>ダイアログボックスの<ファイルの種類>で<Word文書>に設定します。そのほかの形式にしたい場合は、ここからファイル形式を選択します。

2 上書き保存する

ここではWordで解説します。

<上書き保存>をクリックすると、文書が上書き保存されます。一度も保存していない場合は、<名前を付けて保存>画面が表示されます。

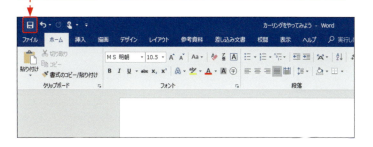

キーワード　上書き保存

ファイルをたびたび変更して、その内容の最新のものだけを残しておくことを、「上書き保存」といいます。上書き保存は、<ファイル>タブの<上書き保存>をクリックすることでも行えます。

ステップアップ　保存後にファイル名を変更する

タスクバーの<エクスプローラー> をクリックしてエクスプローラーを起動し、、変更したいファイルのあるフォルダーを開きます。ファイル名を右クリックして<名前の変更>をクリックすると、名前を入力し直すことができます。ただし、ファイルを開いている間はファイル名を変更することはできません。

1 <名前の変更>をクリックして、

2 名前を入力し直します。

33

Section 06 ファイルを閉じる

覚えておきたいキーワード
- ☑ 閉じる
- ☑ 保存
- ☑ 文書の復元

ファイルの編集・保存が終わったら、ファイルを閉じます。複数のファイルを開いている場合、1つのファイルを閉じてもアプリケーション自体は終了しないので、ほかのファイルをすぐに開くことができます。なお、誤って保存しないで閉じてしまっても、未保存のファイルとして復元できます。

1 文書を閉じる

ヒント ファイルを閉じるそのほかの方法

ファイルが複数開いている場合は、ウィンドウの右上隅にある<閉じる>をクリックして閉じます。ただし、ファイルを1つだけ開いている状態でクリックすると、ファイルが閉じるだけではなく、Word、Excel、PowerPointも終了します。

ヒント ファイルが保存されていないと?

ファイルに変更を加えて保存しないまま閉じようとすると、下図の画面が表示されます。保存する場合は<保存>、保存しない場合は<保存しない>、ファイルを閉じずに作業に戻る場合は<キャンセル>をクリックします。
文書を保存せずに閉じた場合、4日以内であれば復元が可能です(次ページ参照)。

ここではWordで操作を解説します。

1 <ファイル>タブをクリックして、

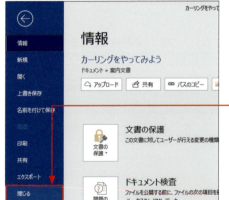

2 <閉じる>をクリックすると、

3 文書が閉じます。

2 保存せずに閉じたファイルを回復する

ここではWordで操作を解説します。

1 <ファイル>タブをクリックして、<開く>をクリックします。

2 <保存されていない文書の回復>をクリックします（メモ参照）。

3 開きたい文書と同じ名前のファイルをクリックして、

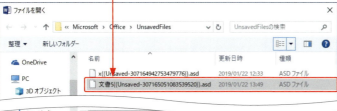

4 <開く>をクリックします。

5 復元された未保存の文書が開きます。

6 <名前を付けて保存>をクリックして、新しいファイルとして保存します。

 メモ 保存されていない文書の回復

Wordでは「保存されていない文書の回復」ですが、Excelでは「保存されていないブックの回復」、PowerPointでは「保存されていないプレゼンテーションの回復」とそれぞれ表示されます。

 ヒント 文書の自動回復

作成したファイルを保存せずに閉じた場合、4日以内であれば復元することができます。この機能は、初期設定で有効になっています。もし、保存されない場合は、<ファイル>タブの<オプション>をクリックして表示される<Wordのオプション>（もしくは<Excelのオプション><PowerPointのオプション>）画面で、<保存>の<次の間隔で自動回復用データを保存する>と<保存しないで終了する場合、最後に自動保存されたバージョンを残す>をオンにします。

 ステップアップ 作業中に閉じてしまった文書を復元するには？

名前を付けて保存した文書を編集中に、パソコンの電源が落ちるなどして、ファイルが閉じてしまった場合、Word、Excel、PowerPointではドキュメントの自動回復機能がはたらきます。次回起動すると、復元されたファイルが表示されるので、開いて内容を確認してから保存し直します。

1 Wordを起動すると、復元終了のメッセージが表示されるので、

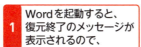

2 ここをクリックします。

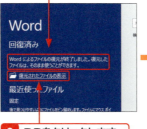

3 <ドキュメントの回復>作業ウィンドウに、復元されたファイルが表示されます。

4 必要なファイルをクリックして表示し、保存し直します。

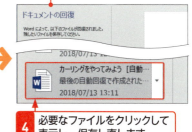

Section 07 保存したファイルを開く

覚えておきたいキーワード
☑ 開く
☑ 最近使った文書
☑ ジャンプリスト

保存したファイルを開くには、＜ファイルを開く＞ダイアログボックスで保存した場所を指定して、選択します。また、最近使ったファイルやタスクバーのジャンプリストから選択することもできます。Wordには、文書を開く際に前回作業していた箇所を表示して再開できる機能もあります。

1 保存したファイルを開く

キーワード 最近使ったファイル

Word、Excel、PowerPointを起動して、＜最近使ったファイル＞に目的のファイルが表示されている場合は、クリックするだけでそのファイルが開きます。なお、＜最近使ったファイル＞は初期設定では表示されるようになっていますが、表示させないこともできます（次ページの「ステップアップ」参照）。

メモ ほかの文書を開く

Wordでは「他の文書を開く」と表示されていますが、Excelでは「他のブックを開く」、PowerPointでは「他のプレゼンテーションを開く」と表示されます。

キーワード OneDrive

＜ファイル＞タブの＜開く＞に表示されている＜OneDrive＞とは、マイクロソフトが提供するオンラインストレージサービスです。

ここではWordで操作を解説します。

1 Wordを起動します。 「キーワード」参照

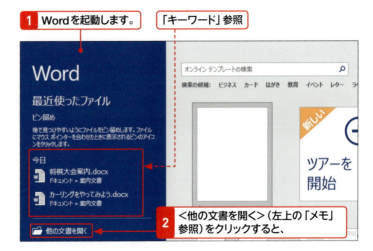

2 ＜他の文書を開く＞（左上の「メモ」参照）をクリックすると、

3 ＜開く＞画面が表示されます。

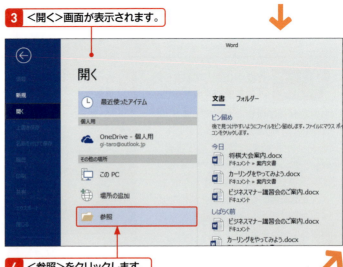

4 ＜参照＞をクリックします。

Section 07 保存したファイルを開く

第1章 Word・Excel・PowerPointの基本操作

5 <ファイルを開く>ダイアログボックスが表示されます。
6 開きたい文書が保存されているフォルダーを指定して、
7 目的のファイルをクリックし、
8 <開く>をクリックすると、
9 目的のファイルが開きます。
「ヒント」参照

メモ ファイルのアイコンから文書を開く

左の手順のほかに、デスクトップ上やフォルダーの中にあるファイルのアイコンをダブルクリックして、直接開くこともできます。

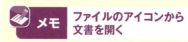

デスクトップに保存されたWordファイルのアイコン

ヒント Wordの閲覧の再開

Wordでは編集後に保存して文書を閉じた場合、次回その文書を開くと、右端に<再開>のメッセージが表示されます。再開のメッセージまたは<再開>マークをクリックすると、前回最後に編集していた位置(ページ)に移動します。

ステップアップ 最近使ったファイル(アイテム)の表示・非表示

起動したときに表示される<最近使ったファイル>は、初期設定で表示されるようになっています。また、<ファイル>タブの<開く>をクリックしたときに表示される<最近使ったアイテム>も同様です。ほかの人とパソコンを共有する場合など、これまでに利用したファイル名を表示させたくないときなどは、この一覧を非表示にすることができます。また、表示数も変更することができます。

<Wordのオプション>画面(もしくは<Excelのオプション画面><PowerPointのオプション画面>)の<詳細設定>で、<最近使った文書の一覧に表示する文書の数>を「0」にします。さらに、<[ファイル]タブのコマンド一覧に表示する、最近使った文書の数>をオフにします(Excel、PowerPointでは一部表示が異なります)。

37

2 エクスプローラーでファイルを検索して開く

ヒント　検索

タスクバーの「検索ボックス」にファイル名を入力しても検索できます。

1. タスクバーの＜エクスプローラー＞をクリックして、

メモ　エクスプローラーで検索する

エクスプローラーはファイルを管理するアプリケーションです。検索ボックスにキーワードを入力すると、関連するファイルが表示されます。保存場所がわからなくなった場合などに利用するとよいでしょう。

2. 検索先を指定して、
3. ファイル名を入力すると、
4. ファイルが検索されます。開きたいファイルをダブルクリックします。

3 タスクバーのジャンプリストからファイルを開く

ヒント　ジャンプリストを利用する

よく使う文書をジャンプリストにつねに表示させておきたい場合は、ファイルを右クリックして、＜一覧にピン留めする＞をクリックします。ジャンプリストから削除したい場合は、右クリックして、＜この一覧から削除＞をクリックします。

ここではWordで操作を解説します。

1. アイコンを右クリックすると、
2. 直近で使用した文書の一覧が表示されます（ジャンプリスト）。
3. 目的の文書をクリックすると、文書が開きます。

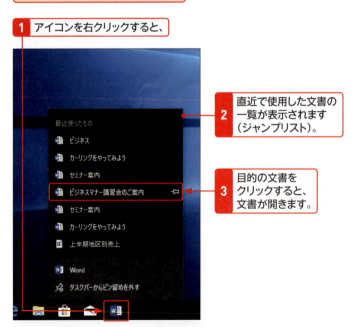

Chapter 02

第2章

文字入力と編集

Section	08	Wordとは？
	09	Wordの画面構成
	10	文字入力の基本を知る
	11	日本語を入力する
	12	アルファベットを入力する
	13	難しい漢字を入力する
	14	記号や特殊文字を入力する
	15	文章を修正する
	16	文字列を選択する
	17	文字列をコピー・移動する
	18	文字を検索・置換する
	19	よく使う単語を登録する

Section 08 Wordとは?

覚えておきたいキーワード
- ☑ Word 2019
- ☑ ワープロソフト
- ☑ Microsoft Office

Wordは、世界中で広く利用されているワープロソフトです。文字装飾や文章の構成を整える機能はもちろん、図形描画や画像の挿入、表作成など、多彩な機能を備えています。最新バージョンのWord 2019では、多言語の翻訳、アイコンや3Dモデルの挿入、インクツール機能などが追加されています。

1 Wordは高機能なワープロソフト

キーワード Word 2019

Word 2019は、ビジネスソフトの統合パッケージである最新の「Microsoft Office 2019」に含まれるワープロソフトです。パソコンにインストールして使うパッケージ版のほかに、Webブラウザー上で使えるWebアプリケーション版と、スマートフォンやタブレット向けのアプリが用意されています。

Wordを利用した文書作成の流れ

文章を入力します。

文字装飾機能や書式設定などを使って、文書を仕上げます。

必要に応じて、プリンターで印刷します。

キーワード ワープロソフト

ワープロソフトは、パソコン上で文書を作成し、印刷するためのアプリです。Windows 10には、簡易的なワープロソフト（ワードパッド）が付属していますが、レイアウトを詳細に設定したり、タイトルロゴや画像などを使った文書を作成することはできません。

2 Wordでできること

ワードアートを利用して、タイトルロゴを作成できます。

インターネットで検索したイラストや画像を挿入できます。

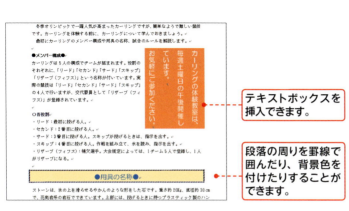

テキストボックスを挿入できます。

段落の周りを罫線で囲んだり、背景色を付けたりすることができます。

表を作成して、さまざまなスタイルを施すことができます。

数値の合計もかんたんに求めることができます。

はがきの文面と宛名面をかんたんに作成できます。

 メモ　豊富な文字装飾機能

Word 2019には、「フォント・フォントサイズ・フォントの色」「太字・斜体・下線」「囲み線」「背景色」など、ワープロソフトに欠かせない文字装飾機能が豊富に用意されています。また、文字列に影や光彩、反射などの視覚効果を適用できます。

 メモ　自由度の高いレイアウト機能

文書のレイアウトを整える機能として、「段落の配置」「タブ」「インデント」「行間」「箇条書き」などの機能が用意されています。思うままに文書をレイアウトすることができます。

メモ　文書を効果的に見せるさまざまな機能

「画像」「ワードアート」「図形描画機能」など、文書をより効果的に見せる機能があります。図や写真にさまざまなスタイルやアート効果を適用することもできます。

メモ　表の作成機能

表やグラフを作成する機能が用意されています。表内の数値の合計もかんたんに求められます。また、Excelの表をWordに貼り付けることもできます。

メモ　差し込み文書機能

はがきやラベルなどに宛先データを差し込んで作成、印刷することができます。

Section 09 Wordの画面構成

覚えておきたいキーワード
☑ タブ
☑ コマンド
☑ リボン

Word 2019 の基本画面は、機能を実行するためのリボン（タブで切り替わるコマンドの領域）と、文字を入力する文書で構成されています。また、＜ファイル＞タブをクリックすると、文書に関する情報や操作を実行するメニューが表示されます。

1 基本的な画面構成

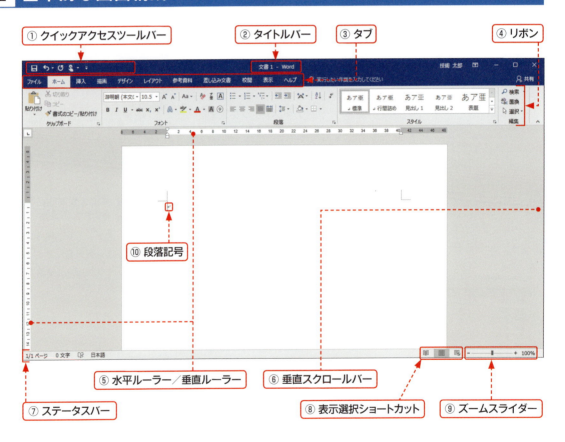

① クイックアクセスツールバー
② タイトルバー
③ タブ
④ リボン
⑤ 水平ルーラー／垂直ルーラー
⑥ 垂直スクロールバー
⑦ ステータスバー
⑧ 表示選択ショートカット
⑨ ズームスライダー
⑩ 段落記号

名称	機能
① クイックアクセスツールバー	<上書き保存><元に戻す><やり直し>のほか、頻繁に使うコマンドを追加／削除できます。また、タッチとマウスのモードの切り替えも行えます。
② タイトルバー	現在作業中のファイルの名前が表示されます。
③ タブ	初期設定では、11個（タッチ非対応パソコンでは10個）のタブが用意されています。タブをクリックしてリボンを切り替えます。<ファイル>タブの操作は以下の図と表を参照。
④ リボン	目的別のコマンドが機能別に分類されて配置されています。
⑤ 水平ルーラー／垂直ルーラー※	水平ルーラーはインデントやタブの設定を行い、垂直ルーラーは余白の設定や表の行の高さを変更します。
⑥ 垂直スクロールバー	文書を縦にスクロールするときに使用します。画面の横移動が可能な場合には、画面下に水平スクロールバーが表示されます。
⑦ ステータスバー	カーソルの位置の情報や、文字入力の際のモードなどを表示します。
⑧ 表示選択ショートカット	文書の表示モードを切り替えます。
⑨ ズームスライダー	スライダーをドラッグするか、<縮小>、<拡大>をクリックすると、文書の表示倍率を変更できます。
⑩ 段落記号	段落記号は編集記号※※の一種で、段落の区切りとして表示されます。

※水平ルーラー／垂直ルーラーは、初期設定では表示されません。<表示>タブの<ルーラー>をオンにすると表示されます。
※※初期設定での編集記号は、段落記号のみが表示されます。

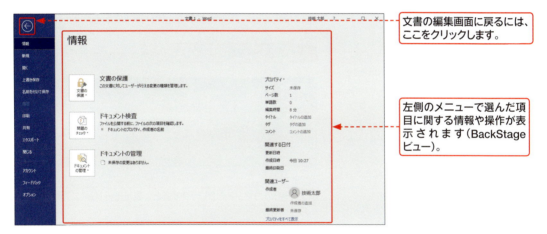

メニュー	内容
情報	開いているファイルに関する情報やプロパティが表示されます。
新規	白紙の文書や、テンプレートを使って文書を新規作成します（Sec.04参照）。
開く	文書ファイルを選択して開きます（Sec.07参照）。
上書き保存	文書ファイルを上書き保存します（Sec.05参照）。
名前を付けて保存	文書ファイルに名前を付けて保存します（Sec.05参照）。
印刷	文書の印刷に関する設定と、印刷を実行します（Sec.39参照）。
共有	文書をほかの人と共有できるように設定します。
エクスポート	PDFファイルのほか、ファイルの種類を変更して文書を保存します。
閉じる	文書を閉じます（Sec.06参照）。
アカウント	ユーザー情報を管理します。
オプション	Wordの機能を設定するオプション画面を開きます（次ページ参照）。オプション画面では、Wordの基本的な設定や画面への表示方法、操作や編集に関する詳細な設定を行うことができます。

Section 09 ▶ Wordの画面構成

🔍 キーワード Wordのオプション

＜Wordのオプション＞画面は、＜ファイル＞タブの＜オプション＞をクリックすると表示される画面です。ここで、Word全般の基本的な操作や機能の設定を行います。＜表示＞では画面や編集記号の表示／非表示、＜文章校正＞では校正機能や入力オートフォーマット機能の設定、＜詳細設定＞では編集機能や画面表示項目オプションの設定などを変更することができます。

＜Wordのオプション＞画面

メニューをクリックすると、右側に設定項目が表示されます。

2 文書の表示モードを切り替える

📝 メモ 文書の表示モード

Word 2019の文書の表示モードには、大きく分けて5種類あります。初期の状態では、「印刷レイアウト」モードで表示されます。表示モードは、ステータスバーにある＜表示選択ショートカット＞をクリックしても切り替えることができます。

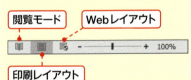

初期設定では、「印刷レイアウト」モードで表示されます。

1 ＜表示＞タブをクリックして、

2 目的のコマンドをクリックすると、表示モードが切り替わります。

印刷レイアウト　　　　通常の画面表示です。

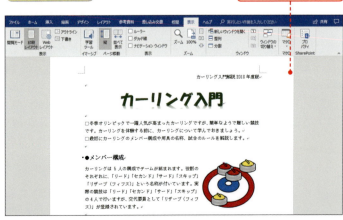

🔍 キーワード 印刷レイアウト

「印刷レイアウト」モードは、余白やヘッダー／フッターの内容も含め、印刷結果のイメージに近い画面で表示されます。

第2章 文字入力と編集

44

閲覧モード（段組のレイアウト）

ここでは、<ツール>と<表示>メニューが利用できます。編集はできません。

左右にあるこのコマンドをクリックして、ページをめくります。

ページの最後には、[文書の最後 ■]マークが表示されます。

Webレイアウト

アウトライン

<アウトライン>タブが表示されます。

終了するには、<アウトライン表示を閉じる>をクリックします。

Section 09 Wordの画面構成

第2章 文字入力と編集

🔍 キーワード　閲覧

「閲覧」モードは、画面上で文書を読むのに最適な表示モードです。1ページ表示のほか、複数ページ表示も可能で、横（左右）方向にページをめくるような感覚で文書を閲覧できます。「閲覧」モードの<ツール>タブでは、文書内の検索と、スマート検索が行えます。<表示>タブでは、ナビゲーションウィンドウやコメントの表示、ページの列幅や色、レイアウトの変更、音節区切り、テキスト間隔の変更などが行えます。

📝 メモ　学習ツール

「閲覧」モードで表示するときに、「学習ツール」が利用できるようになりました。学習ツールとは、音節間の区切り表示や、テキストの読み上げと強調表示など、失読症のユーザーが効率よく読書できるようなサポート機能です。

🔍 キーワード　Webレイアウト

「Webレイアウト」モードは、Webページのレイアウトで文書を表示できます。横長の表などを編集する際に適しています。なお、文書をWebページとして保存するには、文書に名前を付けて保存するときに、<ファイルの種類>で<Webページ>をクリックします。

🔍 キーワード　アウトライン

「アウトライン」モードは、<表示>タブの<アウトライン>をクリックすると表示できます。「アウトライン」モードは、章や節、項など見出しのスタイルを設定している文書の階層構造を見やすく表示します。見出しを付ける、段落ごとに移動するなどといった編集作業に適しています。<アウトライン>タブの<レベルの表示>でレベルをクリックして、指定した見出しだけを表示できます。

45

キーワード 下書き

「下書き」モードは、<表示>タブの<下書き>をクリックすると表示できます。「下書き」モードでは、クリップアートや画像などを除き、本文だけが表示されます。文字だけを続けて入力する際など、編集スピードを上げるときに利用します。

下書き

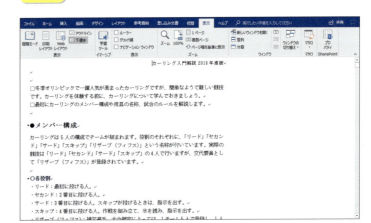

3 ナビゲーションウィンドウを表示する

キーワード ナビゲーションウィンドウ

<ナビゲーション>ウィンドウは、複数のページにわたる文書を閲覧したり、編集したりする場合に利用するウィンドウです。

1 <表示>タブの<ナビゲーションウィンドウ>をクリックしてオンにすると、

2 <ナビゲーション>ウィンドウが表示されます。

3 <見出し>をクリックすると、文書全体の見出しを表示できます。

4 見出しをクリックすると、

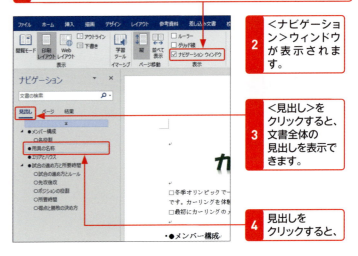

5 該当箇所にすばやく移動します。

6 <ページ>をクリックすると、

ヒント そのほかの作業ウィンドウの種類と表示方法

Wordに用意されている作業ウィンドウには、<クリップボード>、<図形の書式設定>、<図の書式設定>などがあります。

7 ページがサムネイル（縮小画面）で表示されます。

8 特定のページをクリックすると、

9 該当ページにすばやく移動します。

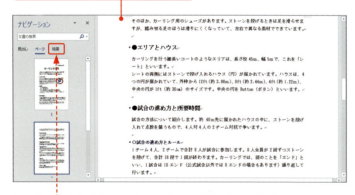

＜結果＞には、キーワードで検索した結果が表示されます。

ヒント　ナビゲーションの活用

＜見出し＞では、目的の見出しへすばやく移動するほかに、見出しをドラッグ＆ドロップして文書の構成を入れ替えることもできます。

ステップアップ　ミニツールバーを表示する

文字列を選択したり、右クリックしたりすると、対象となった文字の近くに「ミニツールバー」が表示されます。ミニツールバーに表示されるコマンドの内容は、操作する対象によって変わります。
文字列を選択したときのミニツールバーには、選択対象に対して書式などを設定するコマンドが用意されています。

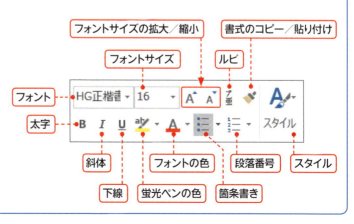

Section 09　Wordの画面構成

第2章　文字入力と編集

47

Section 10 文字入力の基本を知る

覚えておきたいキーワード
☑ 入力モード
☑ ローマ字入力
☑ かな入力

文字を入力するための、入力形式や入力方式を理解しておきましょう。日本語の場合は「ひらがな」入力モードにして、読みを変換して入力します。英字の場合は「半角英数」入力モードにして、キーボードの英字キーを押して直接入力します。日本語を入力する方式には、ローマ字入力とかな入力があります。

1 日本語入力と英字入力

キーワード 入力モード

「入力モード」とは、キーを押したときに入力される「ひらがな」や「半角カタカナ」、「半角英数」などの文字の種類を選ぶ機能のことです（入力モードの切り替え方法は次ページ参照）。

メモ 日本語入力

日本語を入力するには、「ひらがな」入力モードにして、キーを押してひらがな（読み）を入力します。漢字やカタカナの場合は入力したひらがなを変換します。

メモ 英字入力

英字を入力する場合、「半角英数」入力モードにして、英字キーを押すと小文字で入力されます。大文字にするには、Shift を押しながら英字キーを押します。

日本語入力（ローマ字入力の場合）

1. 入力モードを「ひらがな」にして、キーボードで K O N P Y U - T A - とキーを押し、

> こんぴゅーたー↵

2. Space を押して変換します。

> コンピューター↵

3. Enter を押して確定します。

英字入力

1. 入力モードを「半角英数」にして、キーボードで C O M P U T E R とキーを押すと入力されます。

> computer↵

2 入力モードを切り替える

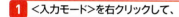
1 ＜入力モード＞を右クリックして、

2 ＜半角英数＞をクリックすると、

3 入力モードが「半角英数」になります。

メモ 入力モードの種類

入力モードには、次のような種類があります。

入力モード（表示）	入力例
ひらがな　　（あ）	あいうえお
全角カタカナ（カ）	アイウエオ
全角英数　　（Ａ）	ａｉｕｅｏ
半角カタカナ（ｶ）	ｱｲｳｴｵ
半角英数　　（A）	aiueo

ステップアップ キー操作による入力モードの切り替え

入力モードは、次のようにキー操作で切り替えることもできます。

- [半角／全角]：「半角英数」と「ひらがな」を切り替えます。
- [無変換]：「ひらがな」と「全角カタカナ」「半角カタカナ」を切り替えます。
- [カタカナひらがな]：「ひらがな」へ切り替えます。
- [Shift]＋[カタカナひらがな]：「全角カタカナ」へ切り替えます。

3 「ローマ字入力」と「かな入力」を切り替える

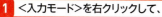
1 ＜入力モード＞を右クリックして、

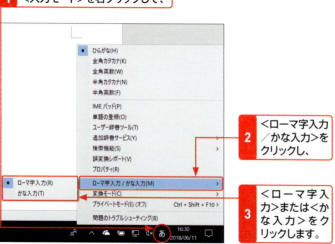

2 ＜ローマ字入力／かな入力＞をクリックし、

3 ＜ローマ字入力＞または＜かな入力＞をクリックします。

メモ ローマ字入力とかな入力

日本語入力には、「ローマ字入力」と「かな入力」の2種類の方法があります。ローマ字入力は、キーボードのアルファベット表示に従って、[K][A]→「か」のように、母音と子音に分けて入力します。かな入力は、キーボードのかな表示に従って、[あ]→「あ」のように、直接かなを入力します。なお、本書ではローマ字入力の方法で以降の解説を行っています。

Section 11 日本語を入力する

覚えておきたいキーワード
☑ 入力モード
☑ 変換
☑ 文節／複文節

日本語を入力するには、入力モードを「ひらがな」にします。文字の「読み」としてひらがなを入力し、カタカナや漢字にする場合は変換します。変換の操作を行うと、読みに該当する漢字が変換候補として一覧で表示されるので、一覧から目的の漢字をクリックします。

1 ひらがなを入力する

メモ 入力の確定

キーボードのキーを押して画面上に表示されたひらがなには、下線が引かれています。この状態では、まだ文字の入力は完了していません。下線が引かれた状態で Enter を押すと、入力が確定します。

ヒント 予測候補の表示

入力が始まると、漢字やカタカナの変換候補が表示されます。ひらがなを入力する場合は無視してかまいません。

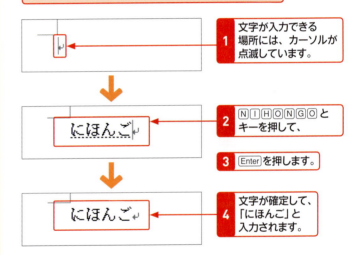

2 カタカナを入力する

メモ カタカナに変換する

「ひらがな」モードで入力したひらがなに下線が引かれている状態で Space を押すと、カタカナに変換することができます。入力した内容によっては、一度でカタカナに変換されず、変換候補が表示される場合があります。

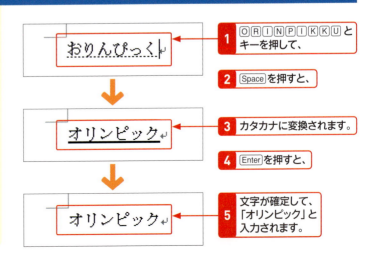

3 漢字を入力する

「稀少」という漢字を入力します。

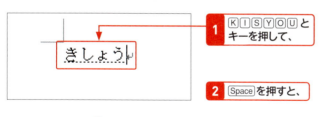

1 KISYOUと キーを押して、

2 Spaceを押すと、

3 漢字に変換されます。

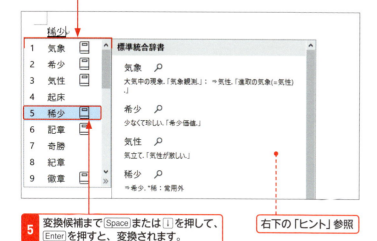

4 違う漢字に変換するために、再度Spaceを押すと、下方に候補一覧が表示されます。

5 変換候補までSpaceまたは↓を押して、Enterを押すと、変換されます。

右下の「ヒント」参照

6 Enterを押すと、

7 文字が確定して、入力されます。

メモ　漢字に変換する

漢字を入力するには、漢字の「読み」を入力し、Spaceを押して漢字に変換します。入力候補が表示されるので、Spaceまたは↓を押して目的の漢字を選択し、Enterを押します。また、目的の変換候補をマウスでクリックしても、同様に選択できます。

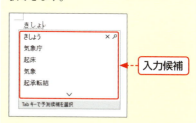

入力候補

ヒント　確定した語句の変換

一度確定した語句は、次回以降同じ読みを入力すると最初の変換候補として表示されます。ほかの漢字に変換する場合は、手順4のように候補一覧を表示して、目的の漢字を選択し、Enterを押します。

ヒント　同音異義語のある語句

同音異義語のある語句の場合、候補一覧には手順4の画面のように語句の横に📖マークが表示され、語句の意味(用法)がウィンドウで表示されます。漢字を選ぶ場合に参考にするとよいでしょう。

4 複文節を変換する

キーワード 文節と複文節

「文節」とは、末尾に「〜ね」や「〜よ」を付けて意味が通じる、文の最小単位のことです。たとえば、「私は写真を撮った」は、「私は（ね）」「写真を（ね）」「撮った（よ）」という3つの文節に分けられます。このように、複数の文節で構成された文字列を「複文節」といいます。

メモ 文節ごとに変換できる

複文節の文字列を入力して Space を押すと、複文節がまとめて変換されます。このとき各文節には下線が付き、それぞれの単位が変換の対象となります。右の手順のように文節の単位を変更したい場合は、Shift を押しながら ← → を押して、変換対象の文節を調整します。

メモ 文節を移動する

太い下線が付いている文節が、現在の変換対象となっている文節です。変換の対象をほかの文節に移動するには、← → を押して太い下線を移動します。

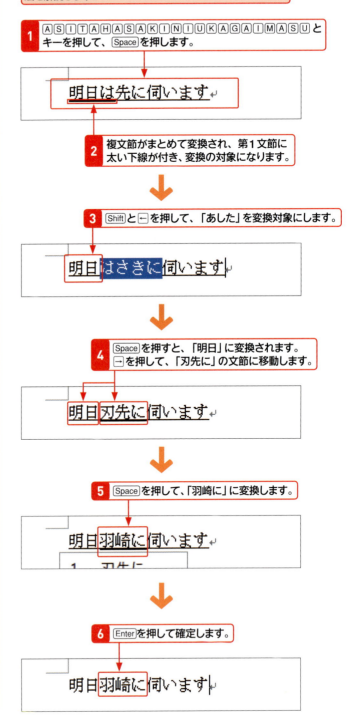

5 確定後の文字を再変換する

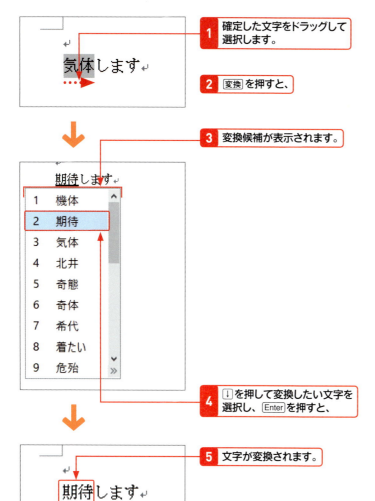

メモ 確定後に再変換する

読みを入力して変換して確定した文字は、変換を押すと再変換されて、変換候補が表示されます。ただし、読みによっては正しい候補が表示されない場合があります。

ヒント 文字の選択

文字は、文字の上でドラッグすることによって選択します。単語の場合は、文字の間にマウスポインターを移動して、ダブルクリックすると、単語の単位で選択することができます。

タッチ タッチ操作での文字の選択

タッチ操作で文字を選択するには、文字の上で押し続ける（ホールドする）と、単語の単位で選択することができます。

ステップアップ ファンクションキーで一括変換する

確定前の文字列は、キーボードにあるファンクションキー（F6～F10）を押すと、「ひらがな」「カタカナ」「英数字」に一括して変換することができます。

Section 12 アルファベットを入力する

覚えておきたいキーワード
- ☑ 半角英数
- ☑ 大文字
- ☑ ひらがな

アルファベットを入力するには、2つの方法があります。1つは「半角英数」入力モードで入力する方法で、英字が直接入力されるので、長い英文を入力するときに向いています。もう1つは「ひらがな」入力モードで入力する方法で、日本語と英字が混在する文章を入力する場合に向いています。

1 入力モードが「半角英数」の場合

メモ 入力モードを「半角英数」にする

入力モードを「半角英数」にして入力すると、変換と確定の操作が不要になるため、英語の長文を入力する場合に便利です。

ヒント 大文字の英字を入力するには

入力モードが「半角英数」 の場合、英字キーを押すと小文字で英字が入力されます。[Shift]を押しながらキーを押すと、大文字で英字が入力されます。

ステップアップ 大文字を連続して入力する

大文字だけの英字入力が続く場合は、大文字入力の状態にするとよいでしょう。キーボードの[Shift]+[CapsLock]を押すと、大文字のみを入力できるようになります。このとき、小文字を入力するには、[Shift]を押しながら英字キーを押します。もとに戻すには、再度[Shift]+[CapsLock]を押します。

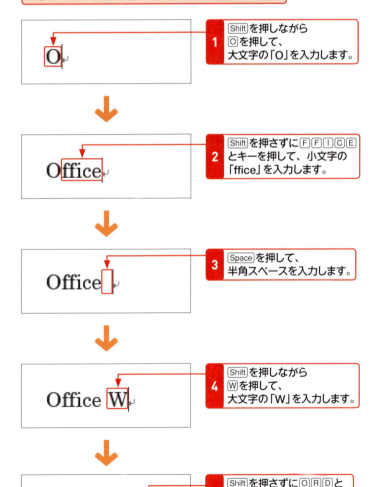

入力モードを「半角英数」に切り替えます（Sec.10参照）。

1 [Shift]を押しながら[O]を押して、大文字の「O」を入力します。

2 [Shift]を押さずに[F][F][I][C][E]とキーを押して、小文字の「ffice」を入力します。

3 [Space]を押して、半角スペースを入力します。

4 [Shift]を押しながら[W]を押して、大文字の「W」を入力します。

5 [Shift]を押さずに[O][R][D]とキーを押して、小文字の「ord」を入力します。

2 入力モードが「ひらがな」の場合

入力モードを「ひらがな」に切り替えます（Sec.10参照）。

1 ⓈⒺⒸⓊⓇⒾⓉⓎ とキーを押します。

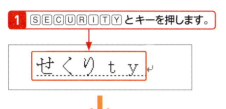

2 F10 を1回押します。

半角小文字に変換されます。

3 F10 をもう1回押します（計2回）。

半角大文字に変換されます。

4 F10 をもう1回押します（計3回）。

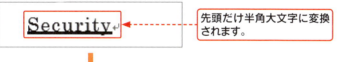

先頭だけ半角大文字に変換されます。

5 F10 を4回押すと、1回押したときと同じ変換結果になります。

📝 **メモ** 入力モードを「ひらがな」にする

和英混在の文章を入力する場合は、入力モードを「ひらがな」 あ にしておき、必要な語句だけを左の手順に従ってアルファベットに変換すると便利です。

💡 **ヒント** 入力モードを一時的に切り替える

日本語の入力中に Shift を押しながらアルファベットの1文字目を入力すると（この場合、入力された文字は大文字になります）、入力モードが一時的に「半角英数」Ａ に切り替わり、再度 Shift を押すまでアルファベットを入力することができます。

📈 ステップアップ 1文字目が大文字に変換されてしまう

アルファベットをすべて小文字で入力しても、1文字目が大文字に変換されてしまう場合は、Wordが文の先頭文字を大文字にする設定になっています。＜ファイル＞タブの＜オプション＞をクリックし、＜Wordのオプション＞画面を開きます。＜文章校正＞の＜オートコレクトのオプション＞をクリックして、＜オートコレクト＞タブの＜文の先頭文字を大文字にする＞をクリックしてオフにします。

Section 13 難しい漢字を入力する

覚えておきたいキーワード
- ☑ IMEパッド
- ☑ 手書きアプレット
- ☑ アプレット

読みのわからない漢字は、IMEパッドを利用して検索します。手書きアプレットでは、ペンで書くようにマウスで文字を書き、目的の漢字を検索して入力することができます。また、総画数アプレットや部首アプレットなどのアプレットを利用して目的の漢字を検索することもできます。

1 IMEパッドを表示する

キーワード IMEパッド

「IMEパッド」は、キーボードを使わずにマウス操作だけで文字を入力するためのツール（アプレット）が集まったものです。読みのわからない漢字や記号などを入力したい場合に利用します。IMEパッドを閉じるには、IMEパッドのタイトルバーの右端にある＜閉じる＞ ✕ をクリックします。

1 ＜入力モード＞を右クリックして、
2 ＜IMEパッド＞をクリックすると、
3 IMEパッドが表示されます。

ヒント IMEパッドのアプレット

IMEパッドには、以下の5つのアプレットが用意されています。左側のアプレットバーのアイコンをクリックすると、アプレットを切り替えることができます。

- 🖊 手書きアプレット（次ページ参照）
- 📋 文字一覧アプレット
  　文字の一覧から目的の文字をクリックして、文字を入力します。
- ⌨ ソフトキーボードアプレット
  　マウスで画面上のキーをクリックして、文字を入力します。
- 画 総画数アプレット
- 部 部首アプレット

2 手書きで検索した漢字を入力する

「山礒」の「礒」を検索します。

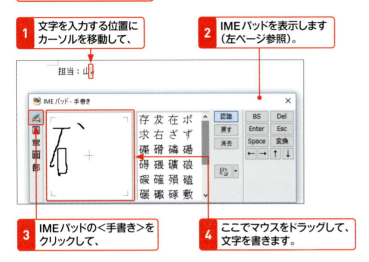

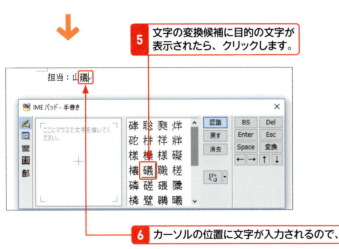

キーワード 手書きアプレット

「手書きアプレット」は、ペンで紙に書くようにマウスで文字を書き、目的の文字を検索することができるアプレットです。

メモ マウスのドラッグの軌跡が線として認識される

手書きアプレットでは、マウスをドラッグした軌跡が線として認識され、文字を書くことができます。入力された線に近い文字を検索して変換候補を表示するため、文字の1画を書くごとに、変換候補の表示内容が変わります。文字をすべて書き終わらなくても、変換候補に目的の文字が表示されたらクリックします。

ヒント マウスで書いた文字を消去するには？

手書きアプレットで、マウスで書いた文字をすべて消去するにはIMEパッドの＜消去＞をクリックします。また、直前の1画を消去するには＜戻す＞をクリックします。

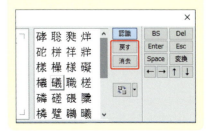

Section 13 難しい漢字を入力する

第2章 文字入力と編集

Section 14 記号や特殊文字を入力する

覚えておきたいキーワード
- 記号
- 特殊文字
- 環境依存

記号や特殊文字は、記号の読みを入力してから変換するか、＜記号と特殊文字＞ダイアログボックスで探すことによって入力できます。一般的な記号の場合は、読みを変換すると変換候補に記号が表示されるので、かんたんに入力できます。

1 記号の読みから変換して入力する

メモ ひらがな（読み）から記号に変換する

●や◎（まる）、■や◆（しかく）、★や☆（ほし）などのかんたんな記号は、読みを入力して Space を押せば、変換の候補一覧に記号が表示されます。また、「きごう」と入力して変換すると、一般的な記号が候補一覧に表示されます。

ヒント ○付き数字を入力するには？

1、2、…を入力して変換すると、①、②、…のような○付き数字を入力できます。Windows 10では、50までの数字を○付き数字に変換することができます。ただし、○付き数字は環境依存の文字なので、表示に関しては注意が必要です（下の「キーワード」参照）。なお、51以上の○付き数字を入力する場合は、囲い文字を利用します。

キーワード 環境依存

「環境依存」とは、特定の環境でないと正しく表示されない文字のことをいいます。環境依存の文字を使うと、Windows 10／8.1／7以外のパソコンとの間で文章やメールのやりとりを行う際に、文字化けが発生する場合があります。

メールの「」を入力します。

1 記号の読みを入力して（ここでは「めーる」）、Space を2回押します。

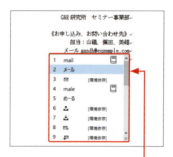

2 変換の候補一覧が表示されるので、

3 目的の記号を選択して Enter を押すと、

4 選択した記号が挿入されます。

2 ＜記号と特殊文字＞ダイアログボックスを利用して入力する

組み文字の「℡」を入力します。

1 ＜挿入＞タブをクリックして、

2 文字を挿入する位置にカーソルを移動します。

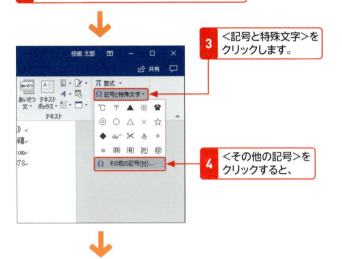

3 ＜記号と特殊文字＞をクリックします。

4 ＜その他の記号＞をクリックすると、

5 ＜記号と特殊文字＞ダイアログボックスが表示されます。

「メモ」参照

6 目的の文字を探してクリックして、

7 ＜挿入＞をクリックすると、文字が挿入されます。

メモ　記号と特殊文字の入力

＜記号と特殊文字＞ダイアログボックスに表示される記号や文字は、選択するフォントによって異なります。この手順では、「現在選択されているフォント」（ここでは「MSゴシック」）を選択していますが、より多くの種類の記号が含まれているのは、「Webdings」などの記号専用のフォントです。

ステップアップ　特殊文字の選択

手順**4**で開くメニュー一覧に目的の特殊文字がある場合は、マウスでクリックすれば入力できます。この一覧の内容は、利用状況によって内容が変わります。また、新しい特殊文字を選択すると、ここに表示されるようになります。

ヒント　種類の選択

＜記号と特殊文字＞ダイアログボックスで特殊文字を探す際に、文字の種類がわかっている場合は、種類ボックスの▽をクリックして種類を選択すると、目的の文字を探しやすくなります。

Section 15 文章を修正する

覚えておきたいキーワード
- 文字の削除
- 文字の挿入
- 文字の上書き

入力した文章の間に文字を挿入したり、文字を削除したりできます。文字を挿入するには、挿入する位置にカーソルを移動して入力します。文字を削除するには、削除したい文字の左側にカーソルを移動して Delete を押します。また、入力済みの文章に、別の文字を上書きすることができます。

1 文字カーソルを移動する

キーワード 文字カーソル

「文字カーソル」は、一般に「カーソル」といい、文字の入力など操作を開始する位置を示すアイコンです。任意の位置をクリックすると、その場所に文字カーソルが移動します。

1 修正したい文字の左側をクリックすると、

```
拝啓
初秋の候、貴社ますますご清祥のこととお慶び申し上げます。平素は格
配を賜り、厚く御礼申し上げます。
さて、毎年ご好評をいただいております「ビジネスマナー特別講習会」
とおり開催いたします。

ビジネスマナーは社会人としても必要なスキルのひとつです。ぜひこ
社員教育の一環として学んでいただきたいとご案内申し上げます。
講習会の内容としては、ビジネスメールの書き方、初めての挨拶のしか
の書き方、名刺の渡し方と管理方法、電話の応対などを予定しており
なお、講習会修了の方には、パソコントラブル無料相談を1年間受け付
いただきます。
```

2 カーソルが移動します。

```
拝啓
初秋の候、貴社ますますご清祥のこととお慶び申し上げます。平素は格
配を賜り、厚く御礼申し上げます。
さて、毎年ご好評をいただいております「ビジネスマナー特別講習会」
とおり開催いたします。

ビジネスマナーは社会人としても必要なスキルのひとつです。ぜひこ
社員教育の一環として学んでいただきたいとご案内申し上げます。
講習会の内容としては、ビジネスメールの書き方、初めての挨拶のしか
の書き方、名刺の渡し方と管理方法、電話の応対などを予定しており
なお、講習会修了の方には、パソコントラブル無料相談を1年間受け付
いただきます。
```

ヒント 文字カーソルを移動するそのほかの方法

キーボードの ↑↓←→ を押して、文字カーソルを移動することもできます。

2 文字を削除する

1文字ずつ削除する

「特別」を1文字ずつ消します。

1 ここにカーソルを移動して、BackSpace を押すと、

```
拝啓
初秋の候、貴社ますますご清祥のこととお慶び申し上げます。平素は格
配を賜り、厚く御礼申し上げます。
さて、毎年ご好評をいただいております「ビジネスマナー特別講習会」
とおり開催いたします。

ビジネスマナーは社会人としても必要なスキルのひとつです。ぜひこ
社員教育の一環として学んでいただきたいとご案内申し上げます。
講習会の内容としては、ビジネスメールの書き方、初めての挨拶のし
```

2 カーソルの左側の文字が削除されます。

```
拝啓
初秋の候、貴社ますますご清祥のこととお慶び申し上げます。平素は格
配を賜り、厚く御礼申し上げます。
さて、毎年ご好評をいただいております「ビジネスマナー別講習会」を
おり開催いたします。

ビジネスマナーは社会人としても必要なスキルのひとつです。ぜひこ
社員教育の一環として学んでいただきたいとご案内申し上げます。
講習会の内容としては、ビジネスメールの書き方、初めての挨拶のし
```

3 Delete を押すと、

4 カーソルの右側の文字が削除されます。

```
拝啓
初秋の候、貴社ますますご清祥のこととお慶び申し上げます。平素は格
配を賜り、厚く御礼申し上げます。
さて、毎年ご好評をいただいております「ビジネスマナー講習会」を下
り開催いたします。

ビジネスマナーは社会人としても必要なスキルのひとつです。ぜひこ
社員教育の一環として学んでいただきたいとご案内申し上げます。
講習会の内容としては、ビジネスメールの書き方、初めての挨拶のし
```

メモ 文字の削除

文字を1文字ずつ削除するには、Delete または BackSpace を使います。削除したい文字の右側にカーソルを移動して BackSpace を押すと、カーソルの左側の文字が削除されます。Delete を押すと、カーソルの右側の文字が削除されます。ここでは、2つの方法を紹介していますが、必ずしも両方を覚える必要はありません。使いやすい方法を選び、使用してください。

Delete を押すと、カーソルの右側の文字（別）が削除されます。

BackSpace を押すと、カーソルの左側の文字（特）が削除されます。

ヒント 文字を選択して削除する

左の操作では、1文字ずつ削除していますが、文字を選択してから Delete を押しても削除できます。文字を選択するには、選択したい文字の左側にカーソルを移動して、文字の右側までドラッグします。文字列の選択方法について詳しくは、Sec.16を参照してください。

Section 15 文章を修正する

メモ 文章単位で削除する

1文字ずつではなく、1行や複数行の単位で文章を削除するには、文章をドラッグして選択し、Delete または BackSpace を押します。

文章単位で削除する

1 文章をドラッグして選択し、BackSpace または Delete を押すと、

```
り開催いたします。
ビジネスマナーは社会人としても必要なスキルのひとつです。ぜひこの機会に
社員教育の一環として学んでいただきたいとご案内申し上げます。
講習会の内容としては、ビジネスメールの書き方、初めての挨拶のしかたと文書
の書き方、名刺の渡し方と管理方法、電話の応対などを予定しております。
なお、講習会修了の方には、パソコントラブル無料相談を1年間受け付けさせて
いただきます。
```

2 選択した文章がまとめて削除されます。

```
り開催いたします。

講習会の内容としては、ビジネスメールの書き方、初めての挨拶のしかたと文書
の書き方、名刺の渡し方と管理方法、電話の応対などを予定しております。
なお、講習会修了の方には、パソコントラブル無料相談を1年間受け付けさせて
いただきます。
```

3 文字を挿入する

メモ 文字列の挿入

「挿入」とは、入力済みの文字を削除せずに、カーソルのある位置に文字を追加することです。このように文字を追加できる状態を、「挿入」モードといいます。Wordの初期設定では、あらかじめ「挿入」モードになっています。

Wordには、「挿入」モードのほかに、「上書き」モードが用意されています。「上書き」モードは、入力されている文字を上書き（消し）しながら文字を置き換えて入力していく方法です。モードの切り替えは、キーボードの Insert (Ins) を押して行います。

1 文字を挿入する位置をクリックして、カーソルを移動します。

```
拝啓
初秋の候、貴社ますますご清祥のこととお慶び申し上げます。平素は格別のご高
配を賜り、厚く御礼申し上げます。
さて、毎年ご好評をいただいております「ビジネスマナー講習会」を下記のとお
```

2 文字を入力し、確定すると、

```
拝啓
初秋の候、貴社ますますご清祥のこととお慶び申し上げます。平素は格別のご高
配を賜り、厚く御礼申し上げます。
さて、毎年ご好評をいただいております「新入社員ビジネスマナー講習会」を下
記のとおり開催いたします。
```

3 文字が挿入されます。

```
拝啓
初秋の候、貴社ますますご清祥のこととお慶び申し上げます。平素は格別のご高
配を賜り、厚く御礼申し上げます。
さて、毎年ご好評をいただいております「新入社員ビジネスマナー講習会」を下
記のとおり開催いたします。
```

4 文字を上書きする

1 入力済みの文字列を選択して、

初秋の候、貴社ますますご清祥のこととお慶び申し上げます。平素
配を賜り、厚く御礼申し上げます。
さて、毎年ご好評をいただいております「新入社員ビジネスマナー
記のとおり開催いたします。

2 上書きする文字列を入力すると、

初秋の候、貴社ますますご清祥のこととお慶び申し上げます。平素
配を賜り、厚く御礼申し上げます。
さて、毎年ご好評をいただいております「IT 企業向けビジネスマ
を下記のとおり開催いたします。

3 文字列が上書きされます。

初秋の候、貴社ますますご清祥のこととお慶び申し上げます。平素
配を賜り、厚く御礼申し上げます。
さて、毎年ご好評をいただいております「IT 企業向けビジネスマ
を下記のとおり開催いたします。

メモ　文字列の上書き

「上書き」とは、入力済みの文字を選択して、別の文字に書き換えることです。上書きするには、書き換えたい文字を選択してから入力します。

ヒント　上書き入力での注意

左のように最初に文字列を選択しておくと、その文字が置き換わります。カーソルの位置から上書きモードで入力すると、もとの文字が順に上書きされ、消えてしまいます。

Section 15 文章を修正する

第2章 文字入力と編集

ステップアップ　文字数をカウントする

文書内の文字数は、タスクバーに表示されます。文字を選択すると、「選択した文字数／全体の文字数」という形式で表示されます。文字数カウントが表示されていない場合は、タスクバーを右クリックして、＜文字カウント＞をクリックします。なお、文字カウントをクリックするか、＜校閲＞タブの＜文字カウント＞をクリックすると、＜文字カウント＞ダイアログボックスを表示できます。

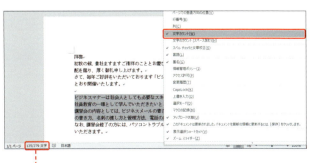

文字カウント

＜文字カウント＞ダイアログボックス

Section 16 文字列を選択する

覚えておきたいキーワード
- ☑ 文字列の選択
- ☑ 行の選択
- ☑ 段落の選択

文字列に対してコピーや移動、書式変更などを行う場合は、まず操作する文字列や段落を選択します。文字列を選択するには、選択したい文字列をマウスでドラッグするのが基本ですが、ドラッグ以外の方法で単語や段落を選択することもできます。また、離れた文字列を同時に選択することもできます。

1 ドラッグして文字列を選択する

メモ ドラッグして選択

文字列を選択するには、文字列の先頭から最後までをドラッグする方法がかんたんです。文字列に網がかかった状態を「選択された状態」といいます。

1 選択したい文字列の先頭をクリックして、

ビジネスマナー講習会のご案内

2 文字列の最後までドラッグすると、文字列が選択されます。

ビジネスマナー講習会のご案内

ヒント 選択の解除

文字の選択を解除するには、文書上のほかの場所をクリックします。

2 ダブルクリックして単語を選択する

メモ 単語の選択

単語を選択するには、単語の上にマウスポインター を移動して、ダブルクリックします。単語を一度に選択することができます。

1 単語の上にマウスカーソルを移動して、

ビジネスマナー講習会のご案内

2 ダブルクリックすると、

3 単語が選択された状態になります。

ビジネスマナー講習会のご案内

3 行を選択する

1 選択する行の左側の余白にマウスポインターを移動してクリックすると、

2 行が選択されます。

メモ 行の選択

「行」の単位で選択するには、選択する行の余白でクリックします。そのまま下へドラッグすると、複数行を選択することができます。

3 左側の余白をドラッグすると、

4 ドラッグした範囲の行がまとめて選択されます。

4 文（センテンス）を選択する

1 文のいずれかの文字の上にマウスポインターを移動して、

2 Ctrl を押しながらクリックすると、

メモ 文の選択

Wordにおける「文」とは、句点「。」で区切られた範囲のことです。文の上でCtrlを押しながらクリックすると、「文」の単位で選択することができます。

3 文が選択されます。

Section 16 文字列を選択する

第2章 文字入力と編集

65

5 段落を選択する

メモ 段落の選択

Wordにおける「段落」とは、文書の先頭または段落記号↵から、文書の末尾または段落記号↵までの文章のことです。段落の左側の余白でダブルクリックすると、段落全体を選択することができます。

1 選択する段落の左余白にマウスポインターを移動して、

> 初秋の候、貴社ますますご清祥のこととお慶び申し上げます。平素は格別のご高配を賜り、厚く御礼申し上げます。↵
> さて、毎年ご好評をいただいております「IT 企業向けビジネスマナー講習会」を下記のとおり開催いたします。講習会の内容としては、ビジネスメールの書き方、初めての挨拶のしかたと文書の書き方、名刺の渡し方と管理方法、電話の応対などを予定しております。↵

2 ダブルクリックすると、

ヒント そのほかの段落の選択方法

目的の段落内のいずれかの文字の上でトリプルクリック（マウスの左ボタンをすばやく3回押すこと）しても、段落を選択できます。

3 段落が選択されます。

> 初秋の候、貴社ますますご清祥のこととお慶び申し上げます。平素は格別のご高配を賜り、厚く御礼申し上げます。↵
> さて、毎年ご好評をいただいております「IT 企業向けビジネスマナー講習会」を下記のとおり開催いたします。講習会の内容としては、ビジネスメールの書き方、初めての挨拶のしかたと文書の書き方、名刺の渡し方と管理方法、電話の応対などを予定しております。↵

6 離れたところにある文字を同時に選択する

メモ 離れた場所にある文字を同時に選択する

文字列をドラッグして選択したあと、Ctrl を押しながら別の箇所の文字列をドラッグすると、離れた場所にある複数の文字列を同時に選択することができます。

1 文字列をドラッグして選択します。

> 拝啓↵
> 初秋の候、貴社ますますご清祥のこととお慶び申し上げます。平素は格別のご高配を賜り、厚く御礼申し上げます。↵
> さて、毎年ご好評をいただいております「IT 企業向けビジネスマナー講習会」を下記のとおり開催いたします。講習会の内容としては、ビジネスメールの書き方、初めての挨拶のしかたと文書の書き方、名刺の渡し方と管理方法、電話の応対などを予定しております。↵
> なお、講習会修了の方には、パソコントラブル無料相談を1年間受け付けさせていただきます。↵

2 Ctrl を押しながら、ほかの文字列をドラッグします。

3 Ctrl を押しながら、ほかの文字列をドラッグします。

> 拝啓↵
> 初秋の候、貴社ますますご清祥のこととお慶び申し上げます。平素は格別のご高配を賜り、厚く御礼申し上げます。↵
> さて、毎年ご好評をいただいております「IT 企業向けビジネスマナー講習会」を下記のとおり開催いたします。講習会の内容としては、ビジネスメールの書き方、初めての挨拶のしかたと文書の書き方、名刺の渡し方と管理方法、電話の応対などを予定しております。↵
> なお、講習会修了の方には、パソコントラブル無料相談を1年間受け付けさせていただきます。↵

4 同時に複数の文字列を選択することができます。

7 ブロック選択で文字を選択する

Section 16 文字列を選択する

1 選択する範囲の左上隅にマウスポインターを移動して、

2 Alt を押しながらドラッグすると、

3 ブロックで選択されます。

🔍 キーワード　ブロック選択

「ブロック選択」とは、ドラッグした軌跡を対角線とする四角形の範囲を選択する方法のことです。箇条書きや段落番号に設定している書式だけを変更する場合などに利用すると便利です。

第2章 文字入力と編集

💡 ヒント　キー操作で文字を選択するには？

キーボードを使って文字を選択することもできます。Shift を押しながら、選択したい方向の ↑ ↓ ← → を押します。

- Shift + ← / →
  カーソルの左／右の文字列まで、選択範囲が広がります。
- Shift + ↑
  カーソルから上の行の文字列まで、選択範囲が広がります。
- Shift + ↓
  カーソルから下の行の文字列まで、選択範囲が広がります。

1 選択する範囲の先頭にカーソルを移動して、

| ビジネスマナー講習会のご案内 |

2 Shift + → を1回押すと、カーソルから右へ1文字選択されます。

| ビジネスマナー講習会のご案内 |

3 さらに → を押し続けると、押した回数（文字数）分、選択範囲が右へ広がります。

| ビジネスマナー講習会のご案内 |

67

Section 17 文字列をコピー・移動する

覚えておきたいキーワード
☑ コピー
☑ 切り取り
☑ 貼り付け

同じ文字列を繰り返し入力したり、入力した文字列を別の場所に移動したりするには、コピーや切り取り、貼り付け機能を利用すると便利です。コピーされた文字列はクリップボードに格納され、何度でも利用できます。また、コピーと移動はドラッグ＆ドロップでも実行できます。

1 文字列をコピーして貼り付ける

メモ 文字列のコピー

文字列をコピーするには、右の手順に従って操作を行います。コピーされた文字列はクリップボード（下の「キーワード」参照）に保管され、＜貼り付け＞をクリックすると、何度でも別の場所に貼り付けることができます。

1 コピーする文字列を選択します。

2 ＜ホーム＞タブをクリックして、

3 ＜コピー＞をクリックします。

4 選択した文字列がクリップボードに保管されます。

キーワード クリップボード

「クリップボード」とは、コピーしたり切り取ったりしたデータを一時的に保管する場所のことです。文字列以外に、画像や音声などのデータを保管することもできます。

5 文字列を貼り付ける位置にカーソルを移動して、

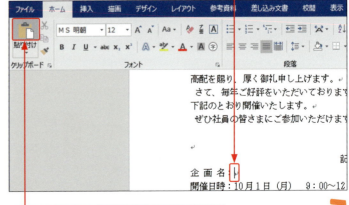

6 ＜貼り付け＞の上の部分をクリックすると、

ヒント ショートカットキーを利用する

コピーと貼り付けは、ショートカットキーを利用すると便利です。コピーする場合は文字を選択して、Ctrl＋Cを押します。コピー先にカーソルを移動して、貼り付けのCtrl＋Vを押します。

7 クリップボードに保管した文字列が貼り付けられます。

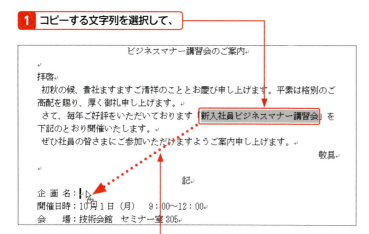

<貼り付けのオプション>が表示されます（「ヒント」参照）。

2 ドラッグ＆ドロップで文字列をコピーする

1 コピーする文字列を選択して、

2 Ctrlを押しながらドラッグすると、

3 文字列がコピーされます。　　もとの文字列も残っています。

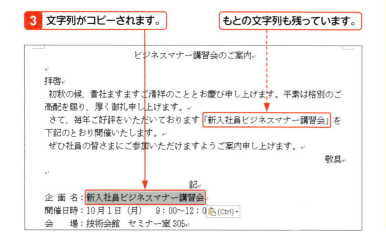

ヒント　<貼り付けのオプション>を利用するには？

貼り付けたあと、その結果の右下に表示される<貼り付けのオプション>をクリックすると、貼り付ける状態を指定するためのメニューが表示されます。詳しくは、Sec.29の「ヒント」を参照してください。

メモ　ドラッグ＆ドロップで文字列をコピーする

文字列を選択して、Ctrlを押しながらドラッグすると、マウスポインターの形が変わります。この状態でマウスボタンから指を離す（ドロップする）と、文字列をコピーできます。なお、この方法でコピーすると、クリップボードにデータが保管されないため、データは一度しか貼り付けられません。

Section 17　文字列をコピー・移動する

第2章　文字入力と編集

69

Section 17 文字列をコピー・移動する

3 文字列を切り取って移動する

メモ 文字列の移動

文字列を移動するには、右の手順に従って操作を行います。切り取られた文字列はクリップボードに保管されるので、コピーの場合と同様、＜貼り付け＞をクリックすると、何度でも別の場所に貼り付けることができます。

1 移動する文字列を選択して、

2 ＜ホーム＞タブをクリックし、

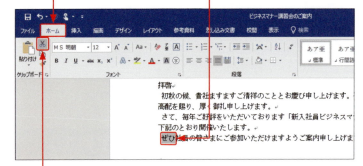

3 ＜切り取り＞をクリックすると、

4 選択した文字列が切り取られ、クリップボードに保管されます。

5 文字列を貼り付ける位置にカーソルを移動して、

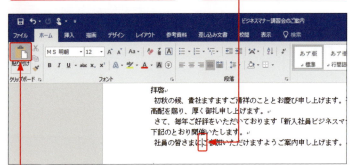

6 ＜貼り付け＞の上の部分をクリックすると、

7 クリップボードに保管した文字列が貼り付けられます。

＜貼り付けのオプション＞が表示されます（Sec.29の「ヒント」参照）。

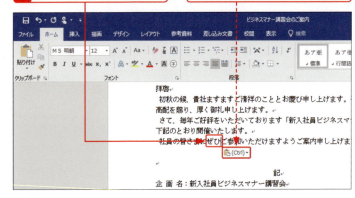

ヒント ショートカットキーを利用する

切り取りと貼り付けは、ショートカットキーを利用すると便利です。移動する場合は文字を選択して、Ctrl＋Xを押します。移動先にカーソルを移動して、貼り付けのCtrl＋Vを押します。

第2章 文字入力と編集

70

4 ドラッグ&ドロップで文字列を移動する

1 移動する文字列を選択して、

```
拝啓
　初秋の候、貴社ますますご清祥のこととお慶び申し上げます。平素は格別のご
高配を賜り、厚く御礼申し上げます。
　さて、毎年ご好評をいただいております「新入社員ビジネスマナー講習会」を
下記のとおり開催いたします。
　ぜひ社員の皆さまにご参加いただけますようご案内申し上げます。
　　　　　　　　　　　　　　　　　　　　　　　　　　　　　　敬具
　　　　　　　　　　　　　　　記
企画名：新入社員ビジネスマナー講習会
```

2 移動先にドラッグ&ドロップすると、

3 文字列が移動します。

```
拝啓
　初秋の候、貴社ますますご清祥のこととお慶び申し上げます。平素は格別のご
高配を賜り、厚く御礼申し上げます。
　さて、毎年ご好評をいただいております「新入社員ビジネスマナー講習会」を
下記のとおり開催いたします。
　社員の皆さまにぜひご参加いただけますようご案内申し上げます。
　　　　　　　　　　　　　　　(Ctrl)▼　　　　　　　　　　　　敬具
　　　　　　　　　　　　　　　記
企画名：新入社員ビジネスマナー講習会
```

もとの文字列はなくなります。

メモ ドラッグ&ドロップで文字列を移動する

文字列を選択して、そのままドラッグすると、マウスポインターの形が に変わります。この状態でマウスボタンから指を離す（ドロップする）と、文字列を移動できます。ただし、この方法で移動すると、クリップボードにデータが保管されないため、データは一度しか貼り付けられません。

ヒント ショートカットメニューでのコピーと移動

コピー、切り取り、貼り付けの操作は、文字を選択して、右クリックして表示されるショートカットメニューからも行うことができます。

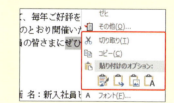

タッチ　タッチ操作で行うコピー／切り取り／貼り付け

タッチ操作で、コピー／切り取り／貼り付けをするには、文字の上でタップしてハンドル ◯ を表示します。◯ をスライドすると、文字を選択できます。選択した文字の上でホールド（タッチし続ける）し、表示されるショートカットメニューからコピー／切り取り／貼り付けの操作を選択します。

1 ◯（ハンドル）を操作して文字を選択し、

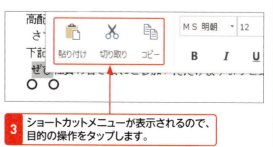

2 文字の上をホールドします。

3 ショートカットメニューが表示されるので、目的の操作をタップします。

Section 18 文字を検索・置換する

覚えておきたいキーワード
- ☑ 検索
- ☑ 置換
- ☑ ナビゲーションウィンドウ

文書の中で該当する文字を探す場合は検索、該当する文字をほかの文字に差し替える場合は置換機能を利用することで、作成した文書の編集を効率的に行うことができます。文字の検索には<ナビゲーション>ウィンドウを、置換の場合は<検索と置換>ダイアログボックスを使うのがおすすめです。

1 文字列を検索する

ヒント <検索>の表示

手順2の<検索>は、画面の表示サイズによって、<編集>グループにまとめられる場合もあります。

メモ 文字列の検索

<ナビゲーション>ウィンドウの検索ボックスにキーワードを入力すると、検索結果が<結果>タブに一覧で表示され、文書中の検索文字列には黄色のマーカーが引かれます。

ヒント 検索機能の拡張

<ナビゲーション>ウィンドウの検索ボックス横にある<さらに検索>▼をクリックすると、図や表などを検索するためのメニューが表示されます。<オプション>をクリックすると、検索方法を細かく指定することができます。

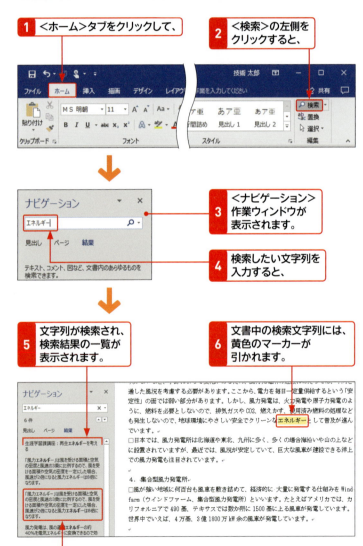

Section 18

2 文字列を置換する

1 <ホーム>タブをクリックして、
2 <置換>をクリックすると、

3 <検索と置換>ダイアログボックスの<置換>タブが表示されます。

4 上段に検索文字列、下段に置換後の文字列を入力して、
5 <次を検索>をクリックすると、

6 検索した文字列が選択されます。

7 <置換>をクリックすると、

8 指定した文字列に置き換えられ、
9 次の文字列が検索されます。

10 同様に置換して、すべて終了したら、<閉じる>をクリックします。

メモ 文字列を1つずつ置換する

左の手順に従って操作すると、文字列を1つずつ確認しながら置換することができます。検索された文字列を置換せずに次を検索したい場合は、<次を検索>をクリックします。置換が終了すると確認メッセージが表示されるので、<OK>をクリックし、<検索と置換>ダイアログボックスに戻って、<閉じる>をクリックします。

ヒント 確認せずにすべて置換するには?

確認作業を行わずに、まとめて一気に置換する場合は、手順5のあとで<すべて置換>をクリックします。

ヒント 検索・置換条件を詳細に指定するには?

<検索と置換>ダイアログボックスの<検索>または<置換>タブで<オプション>をクリックすると、検索オプションが表示されます。さらに細かい検索・置換条件を指定することができます。

Section 19 よく使う単語を登録する

覚えておきたいキーワード
- ☑ 単語の登録
- ☑ 単語の削除
- ☑ ユーザー辞書ツール

漢字に変換しづらい人名や長い会社名などは、入力するたびに毎回手間がかかります。短い読みや略称などで単語登録しておくと、効率的に変換できるようになります。この単語登録は、Microsoft IMEのユーザー辞書ツールによって管理されており、登録や削除をかんたんに行うことができます。

1 単語を登録する

🔍 キーワード 単語登録

「単語登録」とは、単語とその読みをMicrosoft IMEのユーザー辞書ツールに登録することです。読みを入力して変換すると、登録した単語が変換候補の一覧に表示されるようになります。

1 登録する単語を選択して、

2 <校閲>タブをクリックし、

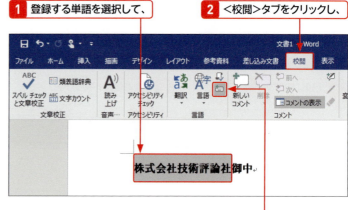

3 <日本語入力辞書への単語登録>をクリックします。

💡 ヒント <単語の登録>ダイアログボックス

手順**4**では、以下のような画面が表示される場合があります。 をクリックすると、右部分が閉じます。

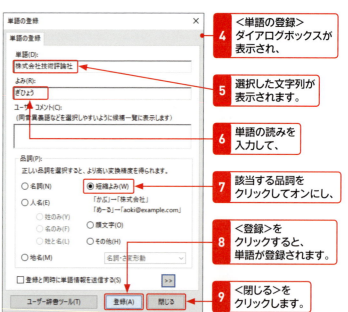

4 <単語の登録>ダイアログボックスが表示され、

5 選択した文字列が表示されます。

6 単語の読みを入力して、

7 該当する品詞をクリックしてオンにし、

8 <登録>をクリックすると、単語が登録されます。

9 <閉じる>をクリックします。

Chapter 03

第3章

書式と段落の設定

Section	20	フォントやフォントサイズを変更する
	21	太字・斜体・下線・色を設定する
	22	箇条書きを設定する
	23	文章を中央揃え・右揃えにする
	24	文字の先頭を揃える
	25	字下げを設定する
	26	改ページを設定する
	27	段組みを設定する
	28	書式をコピーして貼り付ける
	29	形式を選択して貼り付ける

Section 20 フォントやフォントサイズを変更する

覚えておきたいキーワード
- ☑ フォント
- ☑ フォントサイズ
- ☑ リアルタイムプレビュー

フォントやフォントサイズ（文字サイズ）は、目的に応じて変更できます。フォントサイズを大きくしたり、フォントを変更したりすると、文書のタイトルや重要な部分を目立たせることができます。フォントの種類やフォントサイズの変更は、＜フォント＞ボックスと＜フォントサイズ＞ボックスを利用します。

1 フォントの種類を変更する

メモ　フォントの変更

フォントを変更するには、文字列を選択して、＜ホーム＞タブの＜フォント＞ボックスやミニツールバーから目的のフォントを選択します。

1 フォントを変更したい文字列をドラッグして選択します。

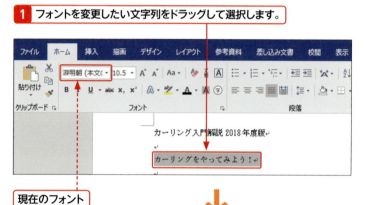

現在のフォント

メモ　一覧に実際のフォントが表示される

手順**2**で＜フォント＞ボックスの⌄をクリックすると表示される一覧には、フォント名が実際のフォントのデザインで表示されます。また、フォントにマウスポインターを近づけると、そのフォントが適用されて表示されます。

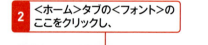

2 ＜ホーム＞タブの＜フォント＞のここをクリックし、

3 目的のフォントをクリックすると、

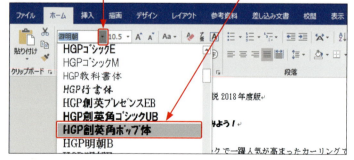

4 フォントが変更されます。

ヒント　フォントやフォントサイズをもとに戻すには？

フォントやフォントサイズを変更したあとでもとに戻したい場合は、同様の操作で、それぞれ「游明朝」、「10.5」ptを指定します。また、＜ホーム＞タブの＜すべての書式をクリア＞をクリックすると、初期設定に戻ります。

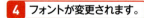

2 フォントサイズを変更する

1 フォントサイズを変更したい文字列を選択します。

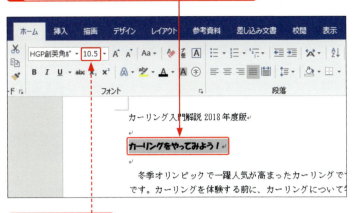

現在のフォントサイズ

2 <ホーム>タブの<フォントサイズ>の ここをクリックして、

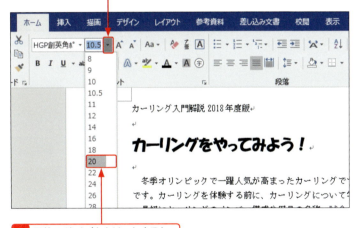

3 目的のサイズをクリックすると、

4 文字の大きさが変更されます。

Section 20 フォントやフォントサイズを変更する

メモ フォントサイズの変更

フォントサイズとは、文字の大きさのことです。フォントサイズを変更するには、文字列を選択して<ホーム>タブの<フォントサイズ>ボックスやミニツールバーから目的のサイズを選択します。

ヒント 直接入力することもできる

<フォントサイズ>ボックスをクリックして、目的のサイズの数値を直接入力することもできます。入力できるフォントサイズの範囲は、1～1,638ptです。

ヒント リアルタイムプレビュー

<フォントサイズ>ボックスの▼をクリックすると表示される一覧で、フォントサイズにマウスポインターを近づけると、そのサイズが選択中の文字列にリアルタイムで適用されて表示されます。

第3章 書式と段落の設定

77

Section 21 太字・斜体・下線・色を設定する

覚えておきたいキーワード
☑ 太字／斜体／下線
☑ 文字の色
☑ 文字の効果

文字列には、太字や斜体、下線、文字色などの書式を設定できます。また、<フォント>ダイアログボックスを利用すると、文字飾りを設定することもできます。さらに、文字列には文字の効果として影や反射、光彩などの視覚効果を適用することができます。

1 文字に太字や斜体を設定する

メモ 文字書式の設定

文字書式用のコマンドは、<ホーム>タブの<フォント>グループのほか、ミニツールバーにもまとめられています。目的のコマンドをクリックすることで、文字書式を設定することができます。

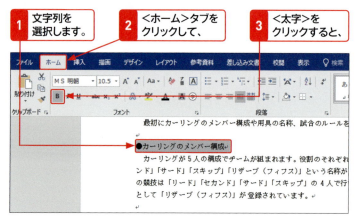

① 文字列を選択します。
② <ホーム>タブをクリックして、
③ <太字>をクリックすると、

ヒント 文字書式の設定を解除するには?

文字書式を解除したい場合は、書式が設定されている文字範囲を選択して、設定されている書式のコマンド（太字なら ）をクリックします。

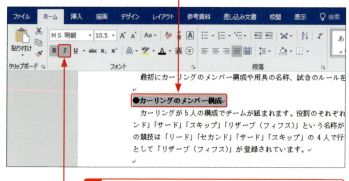

④ 文字が太くなります。
⑤ 文字列を選択した状態で、<斜体>をクリックすると、
⑥ 斜体が追加されます。

ヒント 太さの種類があるフォント

太字を使いたい場合、文字を太字にするほかに、ボールドなど太さのあるフォントを利用するのもよいでしょう（Sec.20参照）。

ヒント ショートカットキーを利用する

文字列を選択して、Ctrl + B を押すと太字にすることができます。再度 Ctrl + B を押すと、通常の文字に戻ります。

2 文字に下線を設定する

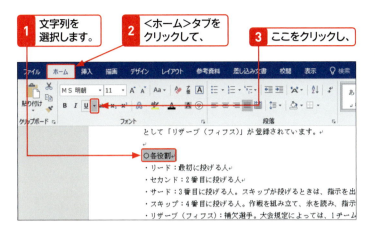

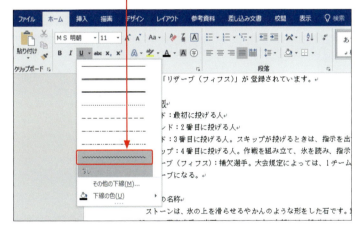

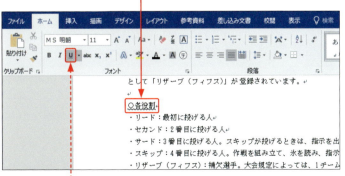

メモ 下線の種類・色を選択する

下線の種類は、＜ホーム＞タブの＜下線＞Uの▼をクリックして表示される一覧から選択します。また、下線の色は、初期設定で「黒（自動）」になります。下線の色を変更するには、下線を引いた文字列を選択して、手順4で＜下線の色＞をクリックし、色パレットから目的の色をクリックします。

ステップアップ そのほかの下線を設定する

手順4のメニューから＜その他の下線＞をクリックすると、＜フォント＞ダイアログボックスが表示されます。＜下線＞ボックスをクリックすると、＜下線＞メニューにない種類を選択できます。

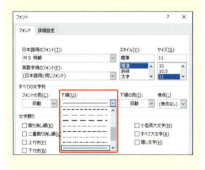

ヒント ショートカットキーを利用する

文字列を選択して、Ctrl＋Uを押すと下線を引くことができます。再度Ctrl＋Uを押すと、通常の文字に戻ります。

3 文字に色を付ける

> **メモ** 文字の色を変更する
>
> 文字の色は、初期設定で「黒（自動）」になっています。この色はあとから変更することができます。

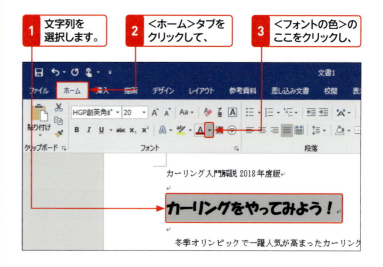

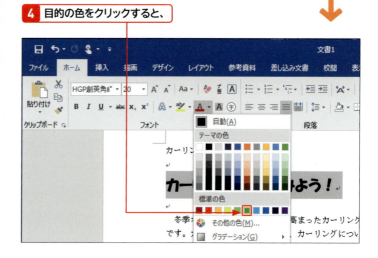

> **ヒント** 文字の色をもとに戻す方法
>
> 文字の色をもとの色に戻すには、色を変更した文字列を選択して、＜ホーム＞タブの＜フォントの色＞の▼をクリックし、＜自動＞をクリックします。

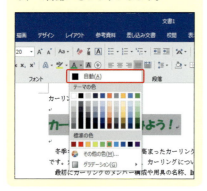

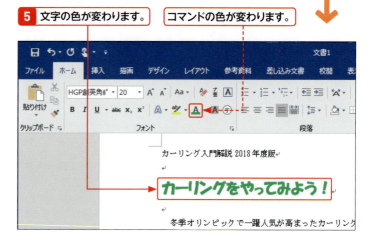

4 そのほかの文字の効果を設定する

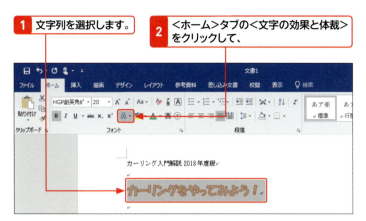

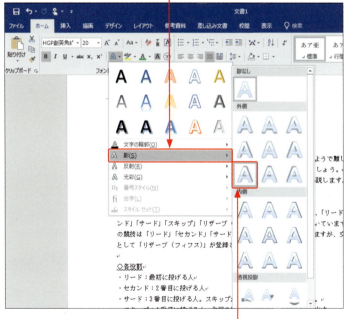

メモ 文字の効果を試す

文字の効果には、デザインの設定に加えて、影や反射、光彩などを設定することができます。
見栄えのよい文字列を作成したい場合は、いろいろな効果を試してみるとよいでしょう。

ヒント 効果をもとに戻すには？

個々の効果をもとに戻すには、効果を付けた文字列を選択して、＜文字の効果と体裁＞をクリックします。表示されたメニューから設定した効果をクリックし、左上の＜(効果名)なし＞をクリックします。

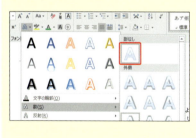

ヒント 文字の書式をクリアするには？

書式を設定した文字列を選択して、＜すべての書式をクリア＞をクリックすると、設定されたすべての書式を解除して、もとの書式に戻すことができます。このとき、段落に設定された書式も同時に解除されるので、注意が必要です。

Section 22 箇条書きを設定する

覚えておきたいキーワード
☑ 箇条書き
☑ 行頭文字
☑ 入力オートフォーマット

リストなどの入力をする場合、先頭に「・」や◆、●などの<u>行頭文字</u>を入力すると、次の行も自動的に同じ記号が入力され、<u>箇条書き</u>の形式になります。この機能を<u>入力オートフォーマット</u>といいます。また、入力した文字に対して、あとから箇条書きを設定することもできます。

1 箇条書きを作成する

🔍 キーワード 行頭文字

箇条書きの先頭に付ける「・」のことを「行頭文字」といいます。また、◆や●、■などの記号の直後に空白文字を入力し、続けて文字列を入力して改行すると、次の行頭にも同じ行頭記号が入力されます。この機能を「入力オートフォーマット」といいます。なお、箇条書きの行頭文字は、単独で選択することができません。

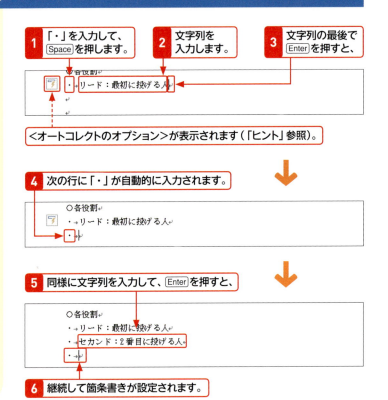

💡 ヒント オートコレクトのオプション

箇条書きが設定されると、<オートコレクトのオプション>が表示されます。これをクリックすると、下図のようなメニューが表示されます。設定できる内容は、上から順に次のとおりです。

- 元に戻す：操作をもとに戻したり、やり直したりすることができます。
- 箇条書きを自動的に作成しない：箇条書きを解除します。
- オートフォーマットオプションの設定：<オートコレクト>ダイアログボックスを表示します。

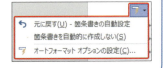

2 あとから箇条書きに設定する

1 項目を入力した範囲を選択して、
2 <ホーム>タブの<箇条書き>をクリックすると、

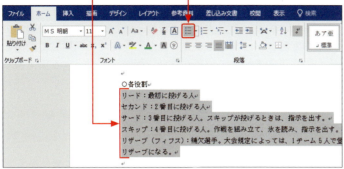

3 箇条書きに設定されます。

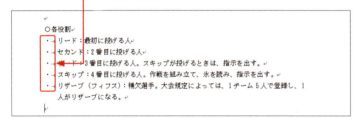

ステップアップ 行頭文字を変更する

手順**2**で、<箇条書き> の をクリックすると、行頭文字の種類を選択することができます。この操作は、すでに箇条書きが設定された段落に対して行うことができます。

3 箇条書きを解除する

1 箇条書きの最終行のカーソル位置で BackSpace を2回押すと、

2 箇条書きが解除され、通常の位置にカーソルが移動します。

3 次行以降、改行しても段落番号は入力されません。

メモ 箇条書きの解除

Wordの初期設定では、いったん箇条書きが設定されると、改行するたびに段落記号が入力されるため、意図したとおりに文書を作成できないことがあります。箇条書きを解除するには、箇条書きにすべき項目を入力し終えてから、左の操作を行います。
あるいは、<ホーム>タブの<箇条書き> をクリックします。

Section 23

文章を中央揃え・右揃えにする

覚えておきたいキーワード
- 段落の配置
- 中央揃え
- 右揃え

ビジネス文書では、日付は右、タイトルは中央に揃えるなどの書式が一般的です。このような段落の配置は、右揃えや中央揃えなどの機能を利用して設定します。また、見出しの文字列を均等に配置したり、両端揃えで行末を揃えたりすることもできます。

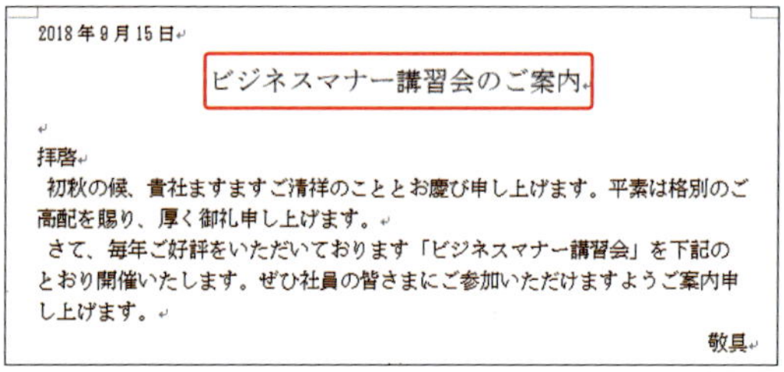

1 段落の配置

段落の配置は、<ホーム>タブにある<左揃え>、<中央揃え>、<右揃え>、<両端揃え>、<均等割り付け>をクリックするだけで、かんたんに設定することができます。段落の配置を変更する場合は、段落内の任意の位置をクリックして、あらかじめカーソルを移動しておきます。

左揃え

2018年9月15日
ビジネスマナー講習会のご案内

拝啓
初秋の候、貴社ますますご清祥のこととお慶び申し上げます。平素は格別のご高配を賜り、厚く御礼申し上げます。
さて、毎年ご好評をいただいております「ビジネスマナー講習会」を下記のとおり開催いたします。ぜひ社員の皆さまにご参加いただけますようご案内申し上げます。
敬具

中央揃え

2018年9月15日
ビジネスマナー講習会のご案内

拝啓
初秋の候、貴社ますますご清祥のこととお慶び申し上げます。平素は格別のご高配を賜り、厚く御礼申し上げます。
さて、毎年ご好評をいただいております「ビジネスマナー講習会」を下記のとおり開催いたします。ぜひ社員の皆さまにご参加いただけますようご案内申し上げます。
敬具

右揃え

2018年9月15日
ビジネスマナー講習会のご案内

拝啓
初秋の候、貴社ますますご清祥のこととお慶び申し上げます。平素は格別のご高配を賜り、厚く御礼申し上げます。
さて、毎年ご好評をいただいております「ビジネスマナー講習会」を下記のとおり開催いたします。ぜひ社員の皆さまにご参加いただけますようご案内申し上げます。
敬具

両端揃え

2018年9月15日
ビジネスマナー講習会のご案内

拝啓
初秋の候、貴社ますますご清祥のこととお慶び申し上げます。平素は格別のご高配を賜り、厚く御礼申し上げます。
さて、毎年ご好評をいただいております「ビジネスマナー講習会」を下記のとおり開催いたします。ぜひ社員の皆さまにご参加いただけますようご案内申し上げます。
敬具

均等割り付け

おり開催いたします。ぜひ社員の皆さまにご参加いただけますようご案内申し上げます。
敬具
記
企　画　名：ビジネスマナー講習会
開催日時：10月1日（月）　9：00～12：00
会　　　場：技術会館　セミナー室305
参　加　費：4,200円（資料代、税込み）
以上

G&R研究所　セミナー事業部

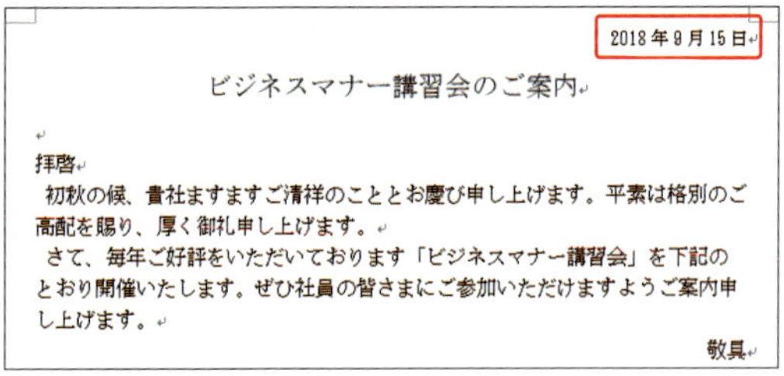

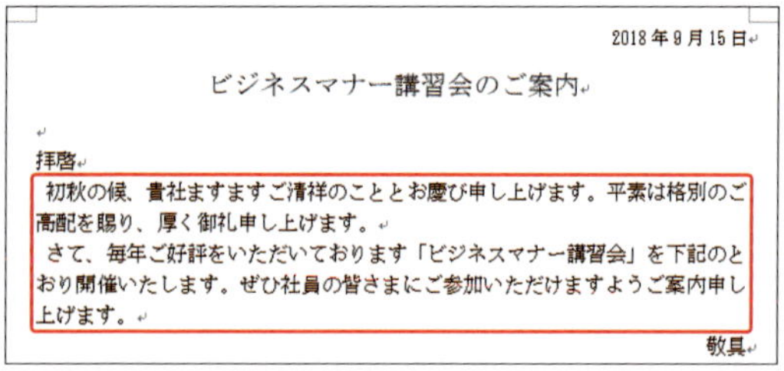

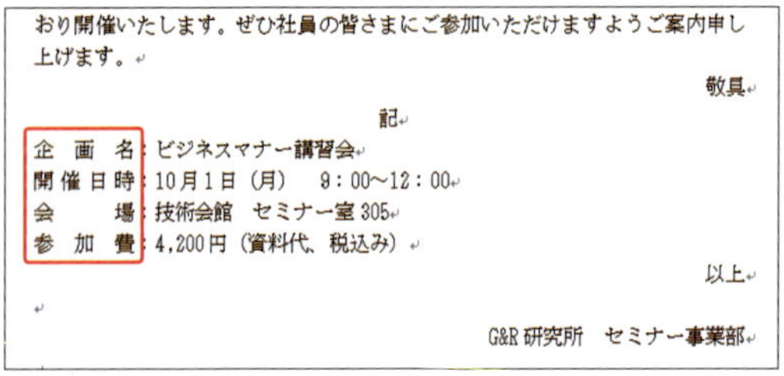

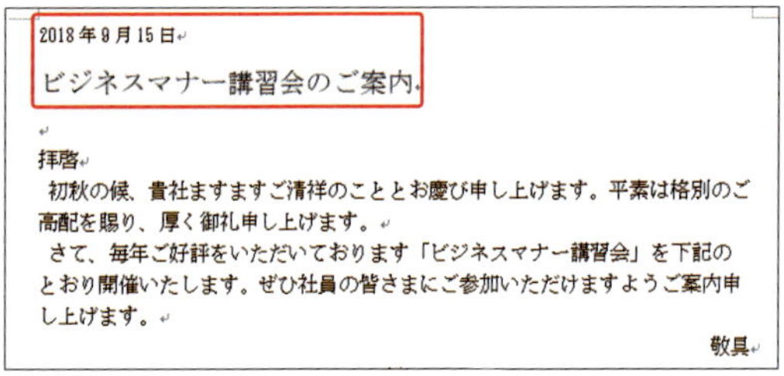

2 文字列を中央に揃える

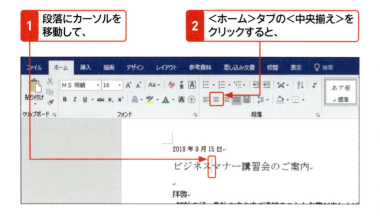

メモ　中央揃えにする

文書のタイトルは、通常、本文より目立たせるために、中央揃えにします。段落を中央揃えにするには、左の手順に従います。

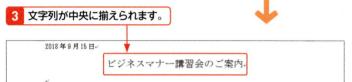

ステップアップ　入力オートフォーマット

Wordは、入力をサポートする入力オートフォーマット機能を備えています。たとえば、「拝啓」と入力してEnterを押すと、改行されて、自動的に「敬具」が右揃えで入力されます。また、「記」と入力してEnterを押すと、改行されて、自動的に「以上」が右揃えで入力されます。

3 文字列を右側に揃える

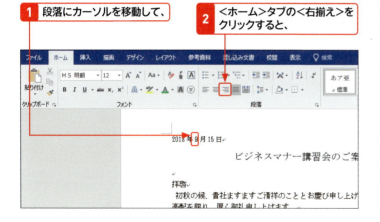

メモ　右揃えにする

横書きのビジネス文書の場合、日付や差出人名などは、右揃えにするのが一般的です。段落を選択して、<ホーム>タブの<右揃え>をクリックすると、右揃えになります。

ヒント　段落の配置を解除するには？

Wordの初期設定では、段落の配置は両端揃えになっています。設定した右揃え、中央揃え、左揃え、均等割り付けを解除するには、配置が設定された段落にカーソルを移動して、<ホーム>タブの<両端揃え>をクリックします。

Section 24 文字の先頭を揃える

箇条書きなどで項目を同じ位置に揃えたい場合は、**タブ**を使うと便利です。タブを挿入すると、タブの右隣の文字列を**ルーラー上のタブ位置に揃える**ことができます。また、タブの種類を指定すると、小数点の付いた文字列を小数点の位置で揃えたり、文字列の右側で揃えたりすることができます。

覚えておきたいキーワード
- タブ位置
- タブマーカー
- ルーラー

1 文章の先頭にタブ位置を設定する

メモ タブ位置に揃える

Wordでは、水平ルーラー上の「タブ位置」を基準に文字列の位置を揃えることができます。タブは文の先頭だけでなく、行の途中でも利用することができます。箇条書きなどで利用すると便利です。

ヒント 編集記号を表示するには?

＜ホーム＞タブの＜編集記号の表示／非表示＞をクリックすると、スペースやタブを表す編集記号が表示されます（記号は印刷されません）。再度クリックすると、編集記号が非表示になります。

ヒント ルーラーの表示

ルーラーが表示されていない場合は、＜表示＞タブをクリックし、＜ルーラー＞をクリックしてオンにします。

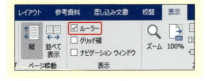

1 タブで揃える段落を選択して、

2 タブで揃えたい位置をルーラー上でクリックすると、

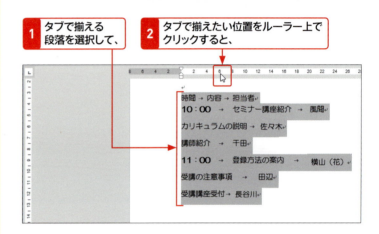

3 ルーラー上に、タブマーカーが表示されます。

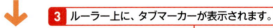

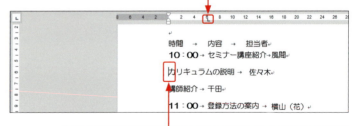

4 揃えたい文字の前にカーソルを移動して、Tabを押します。

5 タブが挿入され、文字列の先頭がタブ位置に移動します。

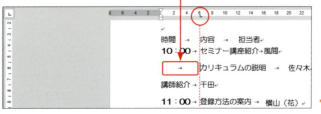

6 同様の方法で、ほかの行にもタブを挿入して、1つめのタブマーカーに文字列を揃えます。

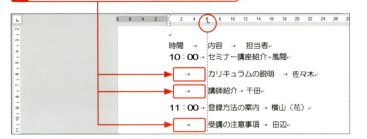

7 2つめのタブが挿入されている行を選択して、

8 ルーラー上で2つめのタブ位置をクリックします。

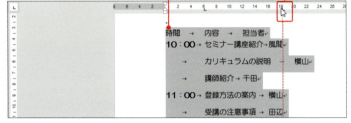

9 2つめのタブマーカーに文字列の先頭が揃います。

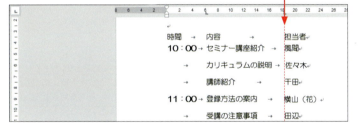

ヒント 最初に段落を選択するのを忘れずに！

タブを設定する場合は、最初に段落を選択しておきます。段落を選択しておかないと、タブがうまく揃わない場合があります。

ヒント タブを削除するには？

挿入したタブを削除するには、タブの右側にカーソルを移動して、BackSpaceを押します。

ヒント タブ位置を解除するには？

タブ位置を解除するには、タブが設定された段落を選択して、タブマーカーをルーラーの外にドラッグします。

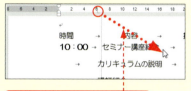

タブマーカーをドラッグします。

2 タブ位置を変更する

1 タブが設定されている行を選択して、

2 タブマーカーにマウスポインターを合わせてドラッグすると、

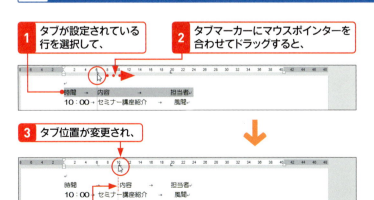

3 タブ位置が変更され、

4 文字列が変更後のタブ位置に揃えられます。

メモ タブ位置の調整

設定したタブ位置を変更するには、タブ位置を変更したい段落を選択して、タブマーカーをドラッグします。このとき、Altを押しながらドラッグすると、ルーラーに目盛が表示され、タブ位置を細かく調整することができます。

Section 24 文字の先頭を揃える

第3章 書式と段落の設定

87

Section 25

字下げを設定する

覚えておきたいキーワード
- ☑ インデント
- ☑ インデントマーカー
- ☑ ぶら下げインデント

引用文などを見やすくするために段落の左端を字下げするときは、インデントを設定します。インデントを利用すると、最初の行と2行目以降に、別々の下げ幅を設定することもできます。インデントによる字下げの設定は、インデントマーカーを使って行います。

1 インデントとは？

🔍 キーワード　インデント

「インデント」とは、段落の左端や右端を下げる機能のことです。インデントには、「選択した段落の左端を下げるもの」「1行目だけを下げるもの（字下げ）」「2行目以降を下げるもの（ぶら下げ）」と「段落の右端を下げるもの（右インデント）」があります。それぞれのインデントは、対応するインデントマーカーを利用して設定します。

インデントマーカー

●用具の名称
　ストーンは、氷の上を滑らせるやかんのような形をした石です。重さ
cmで、花崗岩系の岩石でできています。上部には、投げるときに持つ
のハンドルがあります。試合では、赤と黄色のように2色のハンドルの

＜1行目のインデント＞マーカー
段落の1行目だけを下げます（字下げ）。

●用具の名称
　　ストーンは、氷の上を滑らせるやかんのような形をした石で
直径約 30 cmで、花崗岩系の岩石でできています。上部には、投げる
ティック製のハンドルがあります。試合では、赤と黄色のように2色

＜ぶら下げインデント＞マーカー
段落の2行目以降を下げます（ぶら下げ）。

●用具の名称
ストーンは、氷の上を滑らせるやかんのような形をした石です。重さ
　　cmで、花崗岩系の岩石でできています。上部には、投げると
　　ィック製のハンドルがあります。試合では、赤と黄色のよう

💡 ヒント　インデントとタブの使い分け

インデントは段落を対象に両端の字下げを設定して文字を揃えますが、タブ（Sec.24参照）は行の先頭だけでなく、行の途中にも設定して文字を揃えることができます。インデントは右のように段落の字下げなどに利用し、タブは行頭や行の途中で文字を揃えたい場合に利用します。

＜左インデント＞マーカー
選択した段落で、すべての行の左端を下げます。

●用具の名称
　　ストーンは、氷の上を滑らせるような形をし
　　20Kg、直径約 30 cmで、花崗岩系の岩石でできています。
　　ときに持つプラスチック製のハンドルがあります。試

第3章　書式と段落の設定

88

2 段落の1行目を下げる

1 段落の中にカーソルを移動して、

2 <1行目のインデント>マーカーにマウスポインターを合わせ、

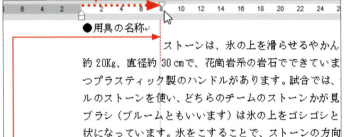

3 ドラッグすると、

4 1行目の先頭が下がります。

> **メモ　段落の1行目を下げる**
>
> インデントマーカーのドラッグは、段落の1行目を複数文字下げる場合に利用します。段落の先頭を1文字下げる場合は、先頭にカーソルを移動して Space を押します。

> **ヒント　インデントマーカーの調整**
>
> Alt を押しながらインデントマーカーをドラッグすると、段落の左端の位置を細かく調整することができます。

3 段落の2行目以降を下げる

1 段落の中にカーソルを移動して、

2 <ぶら下げインデント>マーカーにマウスポインターを合わせ、

> **メモ　<ぶら下げインデント>マーカー**
>
> 2行目以降を字下げする<ぶら下げインデント>マーカーは、段落の先頭数文字を目立たせたいときなどに利用するとよいでしょう。

ヒント　インデントを解除するには？

インデントを解除して、段落の左端の位置をもとに戻したい場合は、目的の段落を選択して、インデントマーカーをもとの左端にドラッグします。また、インデントが設定された段落の先頭にカーソルを移動して、文字数分 BackSpace を押しても、インデントを解除することができます。

3 ドラッグすると、

4 2行目以降が下がります。

4 すべての行を下げる

メモ　<左インデント>マーカー

<左インデント>マーカーは、段落全体を字下げするときに利用します。段落を選択して、<左インデント>マーカーをドラッグするだけで字下げができるので便利です。

ステップアップ　数値で字下げを設定する

インデントマーカーをドラッグすると、文字単位できれいに揃わない場合があります。字下げやぶら下げを文字数で揃えたいときは、<ホーム>タブの<段落>グループの右下にある をクリックします。表示される<段落>ダイアログボックスの<インデントと行間隔>タブで、インデントを指定できます。

1 段落の中にカーソルを移動して、

2 <左インデント>マーカーにマウスポインターを合わせ、

3 ドラッグすると、

4 段落全体が下がります。

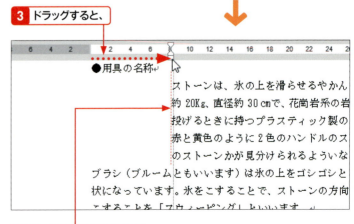

5 1文字ずつインデントを設定する

1 段落の中にカーソルを移動して、

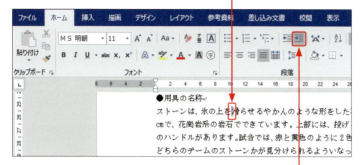

2 <ホーム>タブの<インデントを増やす>をクリックします。

3 段落全体が1文字分下がります。

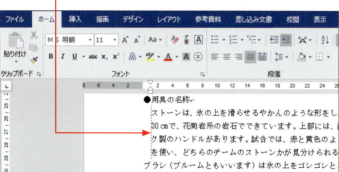

> **メモ インデントを増やす**
>
> <ホーム>タブの<インデントを増やす> をクリックすると、段落全体が左端から1文字分下がります。

> **メモ インデントを減らす**
>
> インデントの位置を戻したい場合は、<ホーム>タブの<インデントを減らす> をクリックします。
>
>

右端を字下げする

インデントには、段落の右端を字下げする「右インデント」があります。段落を選択して、<右インデント>マーカーを左にドラッグすると、字下げができます。なお、右インデントは、特定の段落の字数を増やしたい場合に、右にドラッグして文字数を増やすこともできます。既定の文字数をはみ出しても1行に収めたい場合に利用できます。

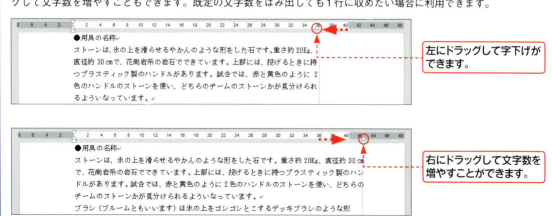

Section 26 改ページを設定する

覚えておきたいキーワード
- ☑ 改ページ
- ☑ ページ区切り
- ☑ 改ページ位置の自動修正

文章が1ページの行数をオーバーすると、自動的に次のページに送られます。中途半端な位置で次のページに送られ、体裁がよくない場合は、ページが切り替わる改ページ位置を手動で設定することができます。また、条件を指定して改ページ位置を自動修正できる機能もあります。

1 改ページ位置を適用する

キーワード 改ページ位置

「改ページ位置」とは、文章を別のページに分ける位置のことです。カーソルのある位置に設定されるので、カーソルの右側にある文字以降の文章が次のページに送られます。

ヒント ＜ページ区切り＞の表示

画面のサイズが大きい場合は、下図のように＜挿入＞タブの＜ページ＞グループに＜ページ区切り＞が表示されます。

なお、＜レイアウト＞タブの＜ページ／セクション区切りの挿入＞ をクリックしたメニューにも＜改ページ＞があります。どちらを利用してもかまいません。

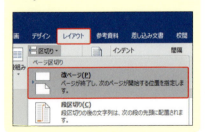

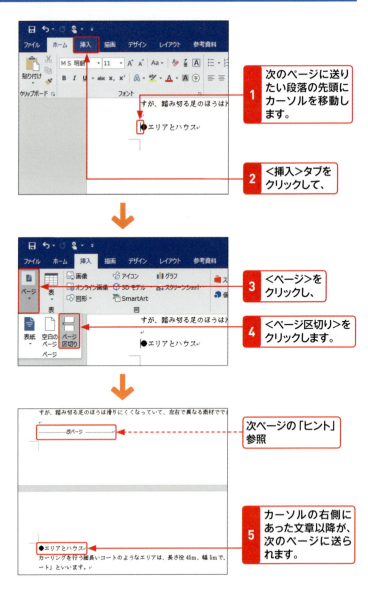

1 次のページに送りたい段落の先頭にカーソルを移動します。

2 ＜挿入＞タブをクリックして、

3 ＜ページ＞をクリックし、

4 ＜ページ区切り＞をクリックします。

次ページの「ヒント」参照

5 カーソルの右側にあった文章以降が、次のページに送られます。

第3章 書式と段落の設定

2 改ページ位置の設定を解除する

1 改ページされたページの先頭にカーソルを移動します。

> **ヒント　改ページ位置の表示**
>
> 改ページを設定すると、改ページ位置が点線と「改ページ」の文言で表示されます。表示されない場合は、＜ホーム＞タブの＜編集記号の表示/非表示＞ をクリックします。

2 BackSpace を2回押すと、

3 改ページ位置の設定が解除されます。

ステップアップ　改ページ位置の自動修正機能を利用する

ページ区切りによって、段落の途中や段落間で改ページされたりしないように設定することができます。
これらの設定は、＜ホーム＞タブの＜段落＞グループの右下にある をクリックして表示される＜段落＞ダイアログボックスで＜改ページと改行＞タブをクリックし、＜改ページ位置の自動修正＞で行います。

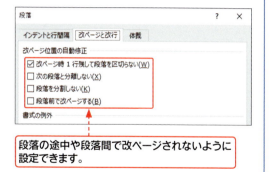

段落の途中や段落間で改ページされないように設定できます。

Section 26　改ページを設定する

第3章　書式と段落の設定

93

Section 27 段組みを設定する

覚えておきたいキーワード
☑ 段組み
☑ 段数
☑ 境界線

Wordでは、かんたんに段組みを設定することができます。＜段組み＞のメニューには3段組みまで用意されています。2段組みの場合は、左右の段幅を変えるなど、バラエティに富んだ設定が行えます。また、段間に境界線を入れて読みやすくすることも可能です。

1 文書全体に段組みを設定する

メモ　文書全体に段組みを設定する

1行の文字数が長すぎて読みにくいというときは、段組みを利用すると便利です。＜段組み＞のメニューには、次の5種類の段組みが用意されています。

- 1段
- 2段
- 3段
- 1段目を狭く
- 2段目を狭く

1段目を狭くした例

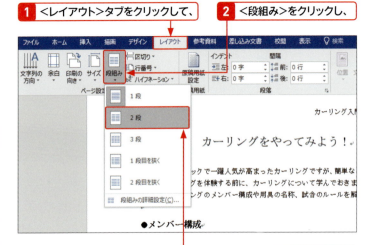

1 ＜レイアウト＞タブをクリックして、

2 ＜段組み＞をクリックし、

3 設定したい段数をクリックすると（ここでは＜2段＞）、

4 指定した段数で段組みが設定されます。

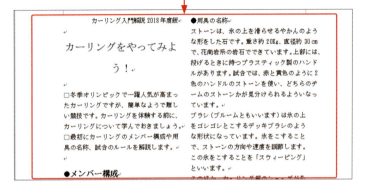

範囲を選択せずに段組みを設定すると、ページ単位で段組みが有効になります。

2 特定の範囲に段組みを設定する

1 段組みを設定したい範囲を選択して、
2 <レイアウト>タブをクリックし、
3 <段組み>をクリックして、
4 <段組みの詳細設定>をクリックすると、

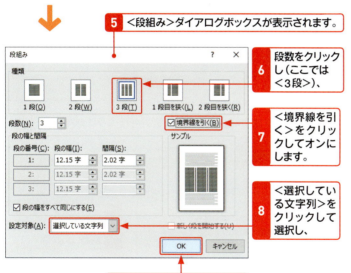

5 <段組み>ダイアログボックスが表示されます。
6 段数をクリックし（ここでは<3段>）、
7 <境界線を引く>をクリックしてオンにします。
8 <選択している文字列>をクリックして選択し、
9 <OK>をクリックすると、
10 選択した文字列に、段組みが設定されます。

メモ 特定の範囲に設定する

見出しを段組みに含めたくない場合や文書内の一部だけを段組みにしたい場合は、段組みに設定する範囲を最初に選択しておきます。

メモ <段組み>ダイアログボックスの利用

<段組み>ダイアログボックスを利用すると、段の幅や間隔などを指定して段組みを設定することができます。また、手順7のように<境界線を引く>をオンにすると、段と段の間に境界線を引くことができます。

ヒント 段ごとに幅や間隔を指定するには？

段ごとに幅や間隔を指定するには、<段組み>ダイアログボックスで<段の幅をすべて同じにする>をオフにして、目的の<段の番号>にある<段の幅>や<間隔>に文字数を入力します。また、段数を3段組み以上にしたいときは、<段組み>ダイアログボックスの<段数>で設定します。

ここで段数を指定します。

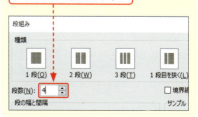

Section 28 書式をコピーして貼り付ける

覚えておきたいキーワード
- ☑ 書式のコピー
- ☑ 書式の貼り付け
- ☑ 書式を連続して貼り付け

複数の文字列や段落に同じ書式を繰り返し設定したい場合は、書式のコピー／貼り付け機能を利用します。書式のコピー／貼り付け機能を使うと、すでに文字列や段落に設定されている書式を別の文字列や段落にコピーすることができるので、同じ書式設定を繰り返し行う手間が省けます。

1 設定済みの書式をほかの文字列に適用する

メモ 書式のコピー／貼り付け

「書式のコピー／貼り付け」機能では、文字列に設定されている書式だけをコピーして、別の文字列に設定することができます。書式をほかの文字列や段落にコピーするには、書式をコピーしたい文字列や段落を選択して、＜書式のコピー／貼り付け＞ をクリックし、目的の文字列や段落上をドラッグします。

1 書式をコピーしたい文字列を選択します。

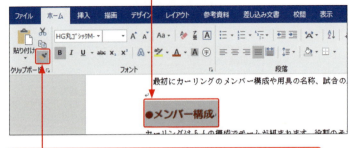

2 ＜ホーム＞タブの＜書式のコピー／貼り付け＞をクリックします。

3 マウスポインターの形が に変わった状態で、

4 書式を設定したい範囲をドラッグして選択すると、

5 書式がコピーされます。

ヒント 書式を繰り返し利用する別の方法

同じ書式を何度も繰り返し利用する方法としては、書式のコピーのほかに、書式を「スタイル」に登録して利用する方法もあります。

2 書式を連続してほかの文字列に適用する

1 書式をコピーしたい文字列を選択します。

2 ＜ホーム＞タブをクリックして、
＜書式のコピー／貼り付け＞をダブルクリックします。

3 マウスポインターの形が 📋I に変わった状態で、

4 書式を設定したい範囲をドラッグして選択すると、

5 書式がコピーされます。

6 続けて文字列をドラッグすると、

7 書式を連続してコピーできます。

メモ　書式を連続してコピーする

＜書式のコピー／貼り付け＞ 🖌 をクリックすると、書式の貼り付けを一度だけ行えます。複数の箇所に連続して貼り付けたい場合は、左の操作のように＜書式のコピー／貼り付け＞ 🖌 をダブルクリックします。

ヒント　書式のコピーを終了するには？

書式のコピーを終了するには、[Esc]を押すか、有効になっている＜書式のコピー／貼り付け＞ 🖌 をクリックします。するとマウスポインターが通常の形に戻り、書式のコピーが終了します。

Section 29 形式を選択して貼り付ける

覚えておきたいキーワード
- 貼り付けのオプション
- もとの書式
- 貼り付け時の書式

コピーや切り取った文字列を貼り付ける際、初期設定ではコピーもとの書式が保持されますが、貼り付けのオプションを利用すると、貼り付け先の書式に合わせたり、文字列のデータのみを貼り付けたりすることができます。なお、Word 2019では、貼り付けた状態をプレビューで確認できます。

1 貼り付ける形式を選択して貼り付ける

メモ 貼り付ける形式を選択する

ここでは、コピーした文字列をもとの書式のまま貼り付けています。文字列の貼り付けを行うと、通常、コピー（切り取り）もとで設定されている書式が貼り付け先でも適用されますが、＜貼り付けのオプション＞を利用すると、貼り付け時の書式の扱いを選択することができます。

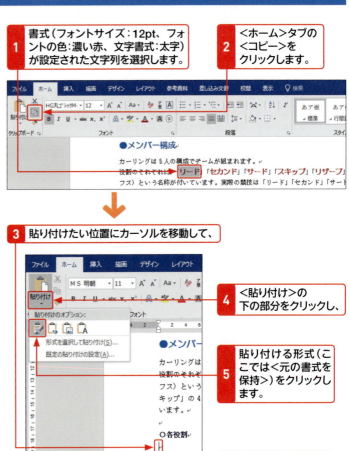

ヒント 貼り付けのオプション

貼り付ける形式を選択したあとでも、貼り付けた文字列の右下には＜貼り付けのオプション＞ が表示されています。この＜貼り付けのオプション＞をクリックして、あとから貼り付ける形式を変更することもできます。＜貼り付けのオプション＞は、別の文字列を入力するか、Escを押すと消えます。

Chapter 04

第4章

文書のレイアウトと印刷

Section	30	図形を挿入する
	31	図形を移動・整列する
	32	写真を挿入する
	33	イラストを挿入する
	34	文字を自由な位置に挿入する
	35	文字列の折り返しを設定する
	36	表を作成する
	37	文書のサイズや余白を設定する
	38	ページ番号を挿入する
	39	文書を印刷する
	40	両面印刷を行う

Section 30 図形を挿入する

覚えておきたいキーワード
- 図形
- オブジェクト
- 書式タブ

図形は、図形の種類を指定してドラッグするだけでかんたんに描くことができます。<挿入>タブの<図形>コマンドには、図形のサンプルが用意されており、フリーフォームや曲線などを利用して複雑な図形も描画できます。図形を挿入して選択すると、<描画ツール>の<書式>タブが表示されます。

1 図形を描く

ヒント 正方形を描くには？

手順4でドラッグするときに、Shiftを押しながらドラッグすると、正方形を描くことができます。

ヒント <描画ツール>の<書式>タブ

図形を描くと、<描画ツール>の<書式>タブが表示されます。続けて図形を描く場合は、<書式>タブにある<図形>からも図形を選択できます。

キーワード オブジェクト

Wordでは、図形やワードアート、イラスト、写真、テキストボックスなど、直接入力する文字以外で文書中に挿入できるものを「オブジェクト」と呼びます。

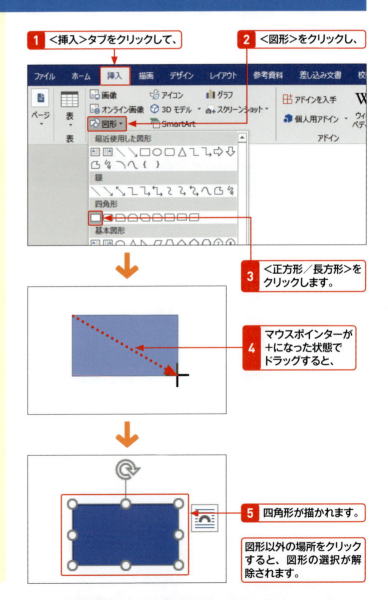

1 <挿入>タブをクリックして、
2 <図形>をクリックし、
3 <正方形/長方形>をクリックします。
4 マウスポインターが+になった状態でドラッグすると、
5 四角形が描かれます。

図形以外の場所をクリックすると、図形の選択が解除されます。

2 直線を引いて太さを変更する

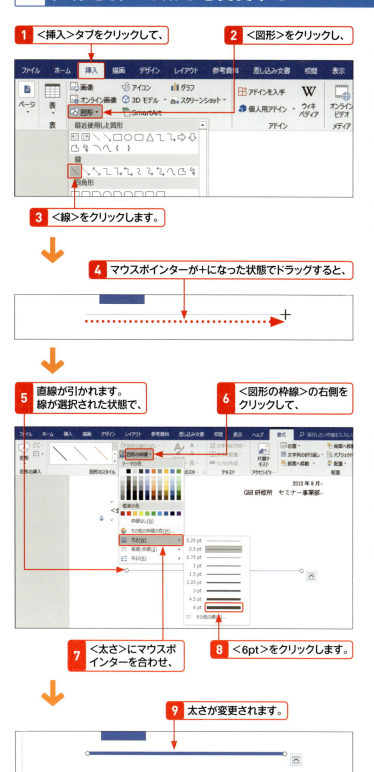

ヒント 水平線や垂直線を引く

<線>を利用すると、自由な角度で線を引くことができます。Shiftを押しながらドラッグすると、水平線や垂直線を引くことができます。

メモ 線の太さを変更する

線の太さは、標準で0.5ptです。線の太さを変更するには、<書式>タブの<図形の枠線>の右側をクリックして、<太さ>あるいは<その他の太さ>からサイズを選びます。

キーワード レイアウトオプション

図形を描くと、図形の右上に<レイアウトオプション>が表示されます。クリックすると、文字列の折り返しなど図形のレイアウトに関するコマンドが表示されます。文字列の折り返しについて、詳しくはSec.35を参照してください。

ステップアップ 点線を描くには?

点線や破線を描くには、直線の線種を変更します。直線を選択して、手順6を操作し、<実線／点線>にマウスポインターを合わせ、目的の線種をクリックします。

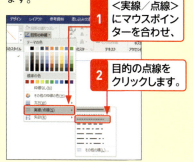

Section 31 図形を移動・整列する

覚えておきたいキーワード
- ☑ 図形の移動・コピー
- ☑ 図形の整列
- ☑ 配置ガイド

図形を扱う際に、図形の移動やコピー、図形の重なり順や図形の整列のしくみを知っておくと、操作しやすくなります。図形を文書の背面に移動したり、複数の図形を重ねて配置したりすることができます。また、複数の図形をグループ化すると、移動やサイズの変更をまとめて行うことができます。

1 図形を移動・コピーする

メモ 図形を移動・コピーするには？

図形は文字列と同様に、移動やコピーを行うことができます。同じ図形が複数必要な場合は、コピーすると効率的です。図形を移動するには、そのままドラッグします。水平や垂直方向に移動するには、[Shift]を押しながらドラッグします。図形を水平や垂直方向にコピーするには、[Shift]+[Ctrl]を押しながらドラッグします。

ヒント 配置ガイドを表示する

図形を移動する際、移動先に緑色の線が表示されます。これは「配置ガイド」といい、文章やそのほかの図形と位置を揃える場合などに、図形の配置の補助線となります。配置ガイドの表示/非表示については、次ページの「ヒント」を参照してください。

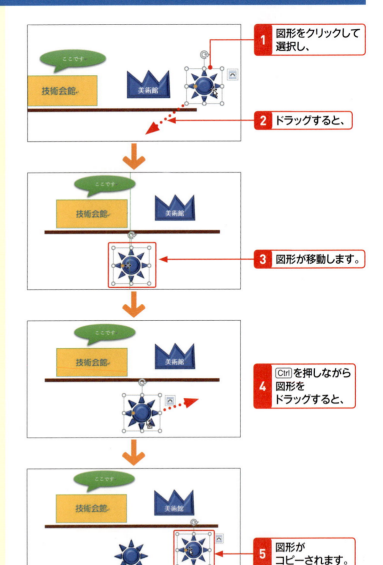

2 図形を整列する

1. Shiftを押しながら、複数の図形をクリックして選択します。
2. <書式>タブの<オブジェクトの配置>をクリックして、

3. <下揃え>をクリックすると、
4. 図形が下揃えで配置されます。

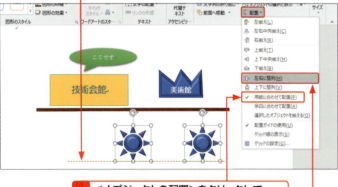

5. <オブジェクトの配置>をクリックして、<用紙に合わせて配置>をクリックします。
6. 再度<オブジェクトの配置>をクリックして、<左右に整列>をクリックすると、
7. 2つの図形が用紙の左右均等に配置されます。

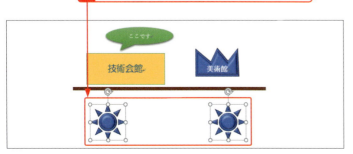

Section 31　図形を移動・整列する

 メモ　図形の整列

複数の図形を左右あるいは上下に整列するには、<描画ツール>の<書式>タブにある<オブジェクトの配置> を利用します。配置の種類には、中央揃えや左右揃え、上下揃えなどがありますが、配置（整列）の基準にするのが、用紙、余白、図形のいずれかを最初に確認する必要があります。
配置の基準によって配置が異なりますので、注意しましょう。

ヒント　配置ガイドとグリッド線

<オブジェクトの配置> をクリックすると表示される一覧では、配置ガイドまたはグリッドの表示を設定できます。<配置ガイドの使用>をオンにすると、オブジェクトの移動の際に補助線が表示されます。また、<グリッド線の表示>をオンにすると、文書に横線（グリッド線）が表示されます。どちらもオブジェクトを配置する際に利用すると便利ですが、どちらか一方のみの設定となります。

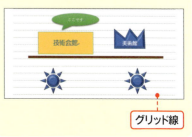

グリッド線

第4章　文書のレイアウトと印刷

Section 32 写真を挿入する

覚えておきたいキーワード
- ☑ 写真
- ☑ 図のスタイル
- ☑ レイアウトオプション

Wordでは、文書に自分の持っている写真（画像）を挿入することができます。挿入した写真は、図形などと同様にサイズの変更や移動を行えます。また、挿入した写真に額縁のような枠を付けたり、丸く切り抜いたりといったスタイルを設定することもできます。

1 文書の中に写真を挿入する

メモ 写真を挿入する

文書の中に自分の持っている写真データを挿入します。挿入した写真は移動したり、スタイルを設定したりすることができます。

挿入する写真データを用意しておきます。

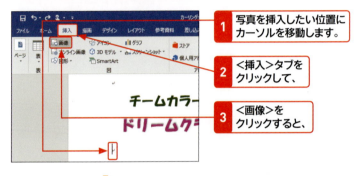

1. 写真を挿入したい位置にカーソルを移動します。
2. ＜挿入＞タブをクリックして、
3. ＜画像＞をクリックすると、

4. ＜図の挿入＞ダイアログボックスが表示されます。
5. 写真の保存先を指定して、
6. 挿入する写真ファイルをクリックし、
7. ＜挿入＞をクリックすると、

メモ 写真の保存先

挿入する写真データがデジカメのメモリカードやUSBメモリに保存されている場合は、カードやメモリをパソコンにセットし、パソコン内のわかりやすい保存先にデータを取り込んでおくとよいでしょう。

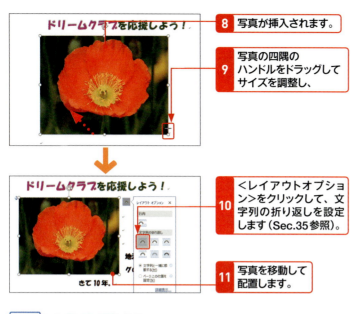

メモ 写真のサイズや文字の折り返し

Wordでは、写真は図形やテキストボックス、イラストなどと同様に「オブジェクト」として扱われます。サイズの変更や移動方法、文字列の折り返しなどといった操作は、図形と同じように行えます（Sec.35参照）。

2 写真にスタイルを設定する

メモ 写真にスタイルを設定する

＜書式＞タブの＜図のスタイル＞グループにある＜その他＞（画面の表示サイズによっては＜クイックスタイル＞）をクリックすると、＜図のスタイル＞ギャラリーが表示され、写真に枠を付けたり、周囲をぼかしたり、丸く切り抜いたりと、いろいろなスタイルを設定することができます。

ヒント 写真に書式を設定するには？

写真に書式を設定するには、最初に写真をクリックして選択しておく必要があります。写真を選択すると、＜図ツール＞の＜書式＞タブが表示されます。写真にさまざまな書式を設定する操作は、この＜書式＞タブで行います。

Section 33 イラストを挿入する

覚えておきたいキーワード
☑ イラストの挿入
☑ オンライン画像
☑ ライセンス

文書内にイラストを挿入するには、Bingの検索を利用してイラストを探します。挿入したイラストは、文字列の折り返しを指定して、サイズを調整したり、移動したりして文書内に配置します。なお、イラストを検索するには、パソコンをインターネットに接続しておく必要があります。

1 イラストを検索して挿入する

ヒント　キーワードまたはカテゴリーで検索する

検索キーワードには、挿入したいイラストを見つけられるような的確なものを入力します。また、キーワードを入力する代わりに、カテゴリーをクリックしても検索できます。

1 ＜挿入＞タブをクリックして、
2 ＜オンライン画像＞をクリックします。
3 キーワードを入力し(ここでは「カーリング」)、Enterを押します。

メモ　クリップアート

検索結果は、既定では写真やアニメーションなどもすべて検索されるようになっています。イラストだけに絞り込みたいので、手順4では、＜フィルター＞で「クリップアート」(イラスト)を指定します。

4 ここをクリックして、＜クリップアート＞を選択します。
5 キーワードに関連したイラストが表示されます。

注意　ライセンスの注意

インターネット上に公開されているイラストや画像を利用する場合は、著作者の承諾が必要です。使用したいイラストをクリックして、＜詳細とその他の操作＞ をクリックするとリンクが表示されます。リンクをクリックして、ライセンスを確認します。「クレジットを表示する」などの条件があれば、必ず従わなければなりません。

6 目的のイラストをクリックして、
7 ＜挿入＞をクリックします。

8 文書にイラストが挿入されます。

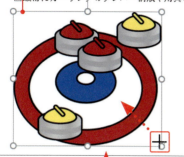

9 四隅のハンドルをドラッグすると、

10 サイズを変更できます。

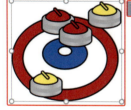

11 <レイアウトオプション>をクリックして、

12 <四角形>をクリックします。

13 イラストをドラッグして移動すると、イラストの周りに文章が配置されます。

ヒント イラストを削除するには？

文書に挿入したイラストを削除するには、イラストをクリックして選択し、BackSpace または Delete を押します。

ヒント 文字列の折り返し

イラストを挿入したら、<レイアウトオプション>をクリックして、文字列の折り返しの配置を確認します。<行内>以外に指定すると、イラストを自由に移動できるようになります。文字列の折り返しについて、詳しくはSec.35を参照してください。

メモ 配置ガイド

オブジェクトを移動すると、配置ガイドという緑の直線がガイドラインとして表示されます。ガイドを目安にすれば、段落や文章と位置をきれいに揃えられます。

Section 33 イラストを挿入する

第4章 文書のレイアウトと印刷

107

Section 34 文字を自由な位置に挿入する

覚えておきたいキーワード
☑ テキストボックス
☑ テキストボックスのサイズ
☑ 横書きのテキストボックス

文書内の自由な位置に文字を配置したいときや、横書きの文書の中に縦書きの文章を配置したいときには、テキストボックスを利用します。テキストボックスに入力した文字は、通常の図形や文字と同様に書式を設定したり、配置を変更したりすることができます。

1 テキストボックスを挿入して文章を入力する

🔍 キーワード テキストボックス

「テキストボックス」とは、本文とは別に自由な位置に文字を入力できる領域のことです。テキストボックスは、図形と同様に「オブジェクト」として扱われます。

1 <挿入>タブをクリックして、
2 <テキストボックス>をクリックし、
3 <縦書きテキストボックスの描画>をクリックします。

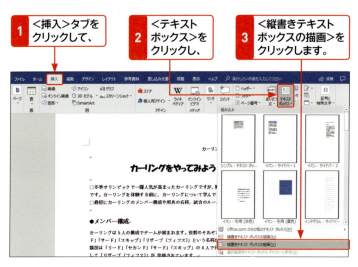

💡 ヒント 横書きのテキストボックスを挿入する

右の手順では、縦書きのテキストボックスを挿入しています。横書きのテキストボックスを挿入するには、手順 **3** で<横書きテキストボックスの描画>をクリックします。

4 マウスポインターの形が＋に変わるので、

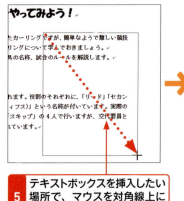

5 テキストボックスを挿入したい場所で、マウスを対角線上にドラッグします。

6 縦書きのテキストボックスが挿入されるので、

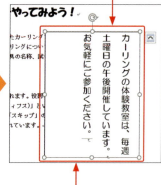

7 文章を入力して、書式を設定します。

💡 ヒント 入力済みの文章からテキストボックスを作成する

すでに入力してある文章を選択してから、手順 **1** 以降の操作を行うと、選択した文字列が入力されたテキストボックスを作成できます。

8 ＜レイアウトオプション＞をクリックして、文字列の折り返しを設定します（ここでは＜四角形＞）。

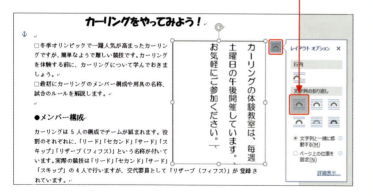

ヒント　横書きに変更したいときは？

縦書きのテキストボックスを挿入したあとで、横書きに変更したい場合は、テキストボックスを選択して＜書式＞タブの＜文字列の方向＞をクリックし、＜横書き＞をクリックします。

2 テキストボックスのサイズを調整する

1 テキストボックスのハンドルにマウスポインターを合わせ、形がに変わった状態で、

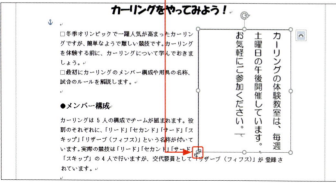

メモ　テキストボックスのサイズの調整

テキストボックスのサイズを調整するには、枠線上に表示されるハンドル◯にマウスポインターを合わせ、の形に変わったらドラッグします。

2 サイズを調整したい方向にドラッグします。

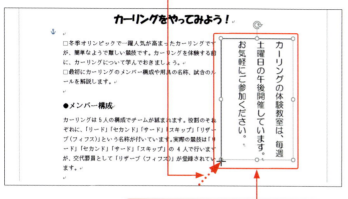

3 テキストボックスのサイズが変わります。

ヒント　数値でサイズを変更するには？

テキストボックスを選択して、＜書式＞タブの＜サイズ＞で数値を指定しても、サイズを変更できます。大きさを揃えたいときなど、正確な数値にしたい場合に利用するとよいでしょう。

ここで数値を指定できます。

Section 35 文字列の折り返しを設定する

覚えておきたいキーワード
☑ 文字列の折り返し
☑ オブジェクト
☑ レイアウトオプション

オブジェクト（図形や写真、イラストなど）を文章の中に挿入する際に、オブジェクトの周りに文章をどのように配置するか、文字列の折り返しを指定することができます。オブジェクトの配置方法は7種類あり、オブジェクト付近に表示されるレイアウトオプションを利用して設定します。

1 文字列の折り返しを表示する

 キーワード　文字列の折り返し

「文字列の折り返し」とは、オブジェクトの周囲に文章を配置する方法のことです。文字列の折り返しは、図形のほかにワードアートや写真、イラストなどにも設定できます。

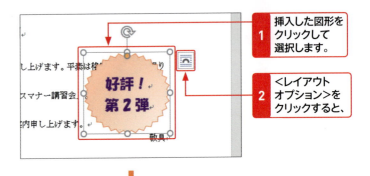

1. 挿入した図形をクリックして選択します。
2. ＜レイアウトオプション＞をクリックすると、

 ヒント　そのほかの文字の折り返し設定方法

文字の折り返しの設定は、右のように＜レイアウトオプション＞を利用するほか、＜描画ツール＞の＜書式＞タブにある＜文字列の折り返し＞をクリックしても指定できます。

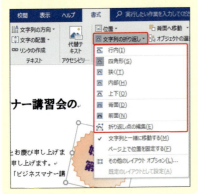

3. 文字列の折り返しが表示されます。

　ここをクリックすると閉じます。

4. ＜四角形＞をクリックすると、

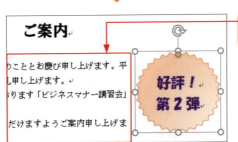

5. 文章が図形の周りに配置されます。

第4章　文書のレイアウトと印刷

ヒント　文字列の折り返しの種類

図形や写真、イラストなどのオブジェクトに対する文字列の折り返しの種類は、以下のとおりです。ここでは、オブジェクトとして図形を例に解説します。写真やイラストなどの場合も同様です。

行内

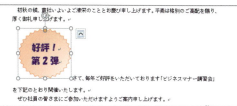

オブジェクト全体が1つの文字として文章中に挿入されます。ドラッグ操作で文字列を移動することはできません。

四角形

オブジェクトの周囲に、四角形の枠に沿って文字列が折り返されます。

狭く

オブジェクトの形に沿って文字列が折り返されます。

内部

オブジェクトの中の透明な部分にも文字列が配置されます。

上下

文字列がオブジェクトの上下に配置されます。

背面

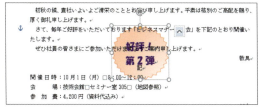

オブジェクトを文字列の背面に配置します。文字列は折り返されません。

前面

オブジェクトを文字列の前面に配置します。文字列は折り返されません。

Section 36 表を作成する

覚えておきたいキーワード
- ☑ 表
- ☑ 行数／列数
- ☑ 表ツール

表を作成する場合、どのような表にするのかをあらかじめ決めておくとよいでしょう。データ数がわかっているときには、行と列の数を指定し、表の枠組みを作成してからデータを入力します。また、作成した表は＜表ツール＞の＜デザイン＞タブと＜レイアウト＞タブで編集できます。

1 行数と列数を指定して表を作成する

メモ　表の行数と列数の指定

＜表の挿入＞に表示されているマス目（セル）をドラッグして、行と列の数を指定しても、表を作成することができます。左上から必要なマス目はを指定します。ただし、8行10列より大きい表は作成できないため、大きな表を作成するには右の手順に従います。

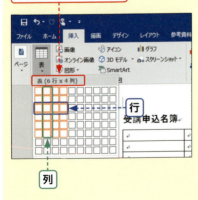

ヒント　自動調整のオプション

＜列の幅を固定する＞を指定すると均等の列幅で表が作成されます。＜文字列の幅に合わせる＞では文字数によって各列幅が調整され、＜ウィンドウサイズに合わせる＞では表の幅がウィンドウサイズになります。

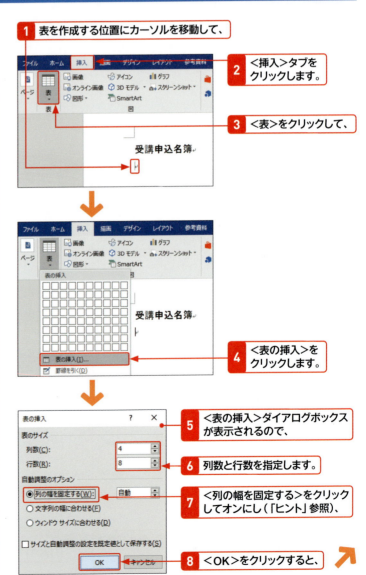

1. 表を作成する位置にカーソルを移動して、
2. ＜挿入＞タブをクリックします。
3. ＜表＞をクリックして、
4. ＜表の挿入＞をクリックします。
5. ＜表の挿入＞ダイアログボックスが表示されるので、
6. 列数と行数を指定します。
7. ＜列の幅を固定する＞をクリックしてオンにし（「ヒント」参照）、
8. ＜OK＞をクリックすると、

9 表が作成されます。　　＜表ツール＞の＜デザイン＞タブと＜レイアウト＞タブが表示されます。

10 目的のセルをクリックして、

11 データを入力します。　　**12** 次のセルをクリックすると、カーソルが移動します。

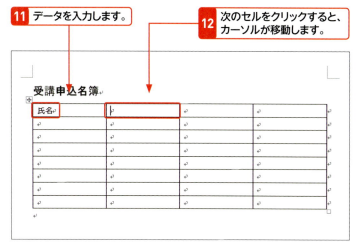

13 同様の操作で、ほかのセルにもデータを入力します。

メモ　表ツール

表を作成すると、＜表ツール＞の＜デザイン＞タブと＜レイアウト＞タブが表示されます。作成した表の罫線を削除したり、行や列を挿入・削除したり、罫線の種類を変更したりといった編集作業は、これらのタブを利用します。

ヒント　セル間をキー操作で移動するには？

セル間は、↑ ↓ ← → で移動することができます。また、Tab を押すと右のセルへ移動して、Shift + Tab を押すと左のセルへ移動します。

ヒント　数値は半角で入力する

数値を全角で入力すると、合計を求めるなどの計算が行えません。数値を使って計算を行う場合は、半角で入力してください。

Section 36　表を作成する

第4章　文書のレイアウトと印刷

113

Section 37 文書のサイズや余白を設定する

覚えておきたいキーワード
☑ ページ設定
☑ 用紙サイズ
☑ 余白

新しい文書は、A4サイズの横書きが初期設定として表示されます。文書を作成する前に、用紙サイズや余白、文字数、行数などのページ設定をしておきます。ページ設定は、＜ページ設定＞ダイアログボックスの各タブで一括して行います。また、次回から作成する文書に適用することもできます。

1 用紙のサイズを設定する

キーワード ページ設定

「ページ設定」とは、用紙のサイズや向き、余白、文字数や行数など、文書全体にかかわる設定のことです。

ヒント 用紙サイズの種類

選択できる用紙サイズは、使用しているプリンターによって異なります。また用紙サイズは、＜レイアウト＞タブの＜サイズ＞をクリックしても設定できます。

ヒント 目的のサイズが見つからない場合は？

目的の用紙サイズが見つからない場合は、＜用紙サイズ＞の一覧から＜サイズを指定＞をクリックして、＜幅＞と＜高さ＞に数値を入力します。

数値を入力します。

[1] ＜レイアウト＞タブをクリックして、

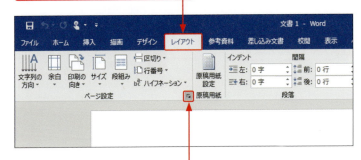

[2] ＜ページ設定＞のここをクリックすると、

[3] ＜ページ設定＞ダイアログボックスが表示されます。
[4] ＜用紙＞タブをクリックして、
[5] ここをクリックし、

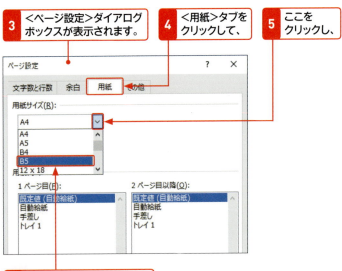

[6] 用紙サイズをクリックします（初期設定ではA4）。

2 ページの余白と用紙の向きを設定する

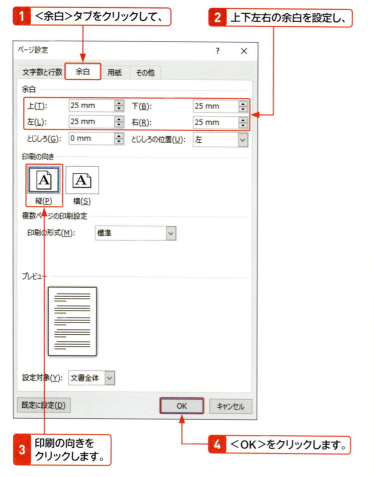

1 <余白>タブをクリックして、
2 上下左右の余白を設定し、
3 印刷の向きをクリックします。
4 <OK>をクリックします。

 キーワード　余白

「余白」とは、上下左右の空きのことです。余白を狭くすれば文書の1行の文字数が増え、左右の余白を狭くすれば1ページの行数を増やすことができます。見やすい文書を作る場合は、上下左右「20mm」程度の余白が適当です。

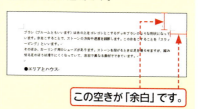

この空きが「余白」です。

ヒント　余白の調節

余白の設定は、<レイアウト>タブの<余白>でも行うことができます。

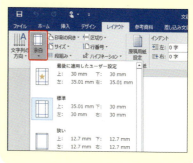

ステップアップ　文書のイメージを確認しながら余白を設定する

余白の設定は、<ページ設定>ダイアログボックスの<余白>タブで行いますが、実際に文書を作成していると、文章の量や見栄えなどから余白を変更したい場合もあります。そのようなときは、ルーラーのグレーと白の境界部分をドラッグして、印刷時のイメージを確認しながら設定することもできます。
なお、ルーラーが表示されていない場合は、<表示>タブの<ルーラー>をオンにして表示します。

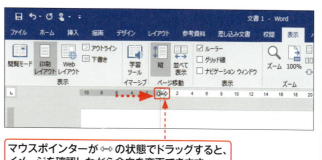

マウスポインターが ⇔ の状態でドラッグすると、イメージを確認しながら余白を変更できます。

Section 38 ページ番号を挿入する

覚えておきたいキーワード
☑ ヘッダー
☑ フッター
☑ ページ番号

ページに通し番号を印刷したいときは、ページ番号を挿入します。ページ番号は、ヘッダーまたはフッターのどちらかに追加できます。文書の下に挿入するのが一般的ですが、Wordにはさまざまなページ番号のデザインが上下で用意されているので、文書に合わせて利用するとよいでしょう。

1 文書の下にページ番号を挿入する

メモ ページ番号の挿入

ページに通し番号を付けて印刷したい場合は、右の方法でページ番号を挿入します。ページ番号の挿入位置は、＜ページの上部＞＜ページの下部＞＜ページの余白＞＜現在の位置＞の4種類の中から選択できます。各位置にマウスポインターを合わせると、それぞれの挿入位置に対応したデザインのサンプルが一覧で表示されます。

1 ＜挿入＞タブをクリックして、
2 ＜ページ番号＞をクリックします。

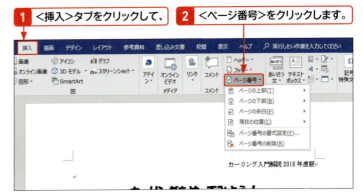

3 ページ番号の挿入位置を選択して、

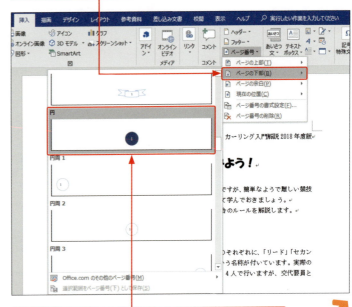

4 表示される一覧から、目的のデザインをクリックすると、

キーワード ヘッダーとフッター

文書の各ページの上部余白に印刷される情報を「ヘッダー」といいます。また、下部余白に印刷される情報を「フッター」といいます。

第4章 文書のレイアウトと印刷

<ヘッダー／フッターツール>の<デザイン>タブが表示されます。

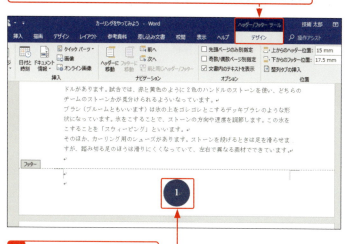

5 ページ番号が挿入されます。

ヒント ヘッダーとフッターを閉じる

ページ番号を挿入すると<ヘッダー／フッターツール>の<デザイン>タブが表示されます。ページ番号の編集が終わったら、<ヘッダーとフッターを閉じる>をクリックすると、通常の文書画面が表示されます。再度<ヘッダー／フッターツール>を表示したい場合は、ページ番号の部分（ページの上下の余白部分）をダブルクリックします。

2 ページ番号のデザインを変更する

1 <ページ番号>をクリックして、

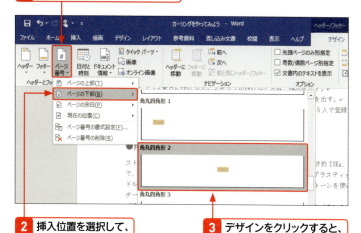

2 挿入位置を選択して、
3 デザインをクリックすると、

ステップアップ 先頭ページにページ番号を付けない

ページ番号を付けたくないページが最初にある場合は、<ヘッダー／フッターツール>の<デザイン>タブで<先頭ページのみ別指定>をオンにします。

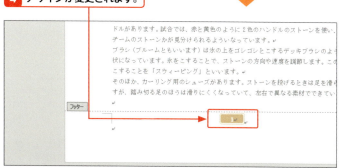

4 デザインが変更されます。

ヒント ページ番号を削除するには？

ページ番号を削除するには、<ヘッダー／フッターツール>の<デザイン>タブ（または<挿入>タブ）の<ページ番号>をクリックして、表示される一覧から<ページ番号の削除>をクリックします。

Section 39 文書を印刷する

覚えておきたいキーワード
- ☑ 印刷プレビュー
- ☑ 印刷
- ☑ 表示倍率

文書が完成したら、印刷してみましょう。印刷する前に、印刷プレビューで印刷イメージをあらかじめ確認します。Wordでは＜ファイル＞タブの＜印刷＞をクリックすると、印刷プレビューが表示されます。印刷する範囲や部数の設定を行い、印刷を実行します。

1 印刷プレビューで印刷イメージを確認する

キーワード　印刷プレビュー

「印刷プレビュー」は、文書を印刷したときのイメージを画面上に表示する機能です。印刷する内容に問題がないかどうかをあらかじめ確認することで、印刷の失敗を防ぐことができます。

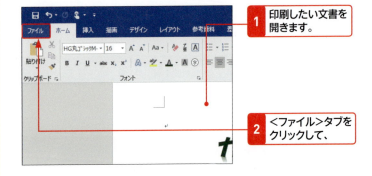

1 印刷したい文書を開きます。

2 ＜ファイル＞タブをクリックして、

3 ＜印刷＞をクリックすると、

ヒント　印刷プレビューの表示倍率を変更するには？

印刷プレビューの表示倍率を変更するには、印刷プレビューの右下にあるズームスライダーを利用します。ズームスライダーを左にドラッグして、倍率を下げると、複数ページを表示できます。表示倍率をもとの大きさに戻すには、＜ページに合わせる＞をクリックします。

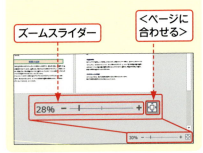

ズームスライダー ／ ＜ページに合わせる＞

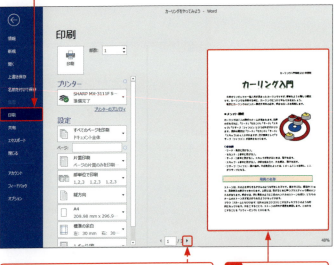

文書が複数ページある場合は、ここをクリックして、2ページ目以降を確認します。

4 印刷プレビューが表示されます。

2 印刷設定を確認して印刷する

1 プリンターの電源と用紙がセットされていることを確認して、＜印刷＞画面を表示します。

2 印刷に使うプリンターを指定して、

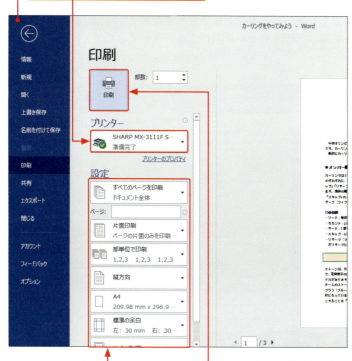

3 印刷の設定を確認し、

4 ＜印刷＞をクリックすると、

5 文書が印刷されます。

メモ 印刷する前の準備

印刷を始める前に、パソコンにプリンターを接続して、プリンターの設定を済ませておく必要があります。プリンターの接続方法や設定方法は、プリンターに付属するマニュアルを参照してください。

ヒント 印刷部数を指定する

初期設定では、文書は1部だけ印刷されます。印刷する部数を指定する場合は、＜部数＞で数値を指定します。

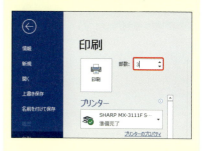

ヒント ＜印刷＞画面でページ設定できる？

＜印刷＞画面でも用紙サイズや余白、印刷の向きを変更することができますが、レイアウトが崩れてしまう場合があります。＜印刷＞画面のいちばん下にある＜ページ設定＞をクリックして、＜ページ設定＞ダイアログボックスで変更し、レイアウトを確認してから印刷するようにしましょう。

Section 40 両面印刷を行う

覚えておきたいキーワード
- ☑ 両面印刷
- ☑ 長辺を綴じる
- ☑ 短辺を綴じる

ソーサーのあるプリンターを利用している場合は、手動で用紙を裏返すことなく、自動的に文書を両面印刷することができます。また、両面印刷では、長辺と短辺のどちらを綴じて印刷するかを選択することができます。

1 両面印刷をする

🔍 キーワード　両面印刷

通常は1ページを1枚に印刷しますが、両面印刷は1ページ目を表面、2ページ目を裏面に印刷します。両面印刷にすることで、用紙の節約にもなります。なお、ソーサーのないプリンターの場合は、自動での両面印刷はできません。＜手動で両面印刷＞を利用します。

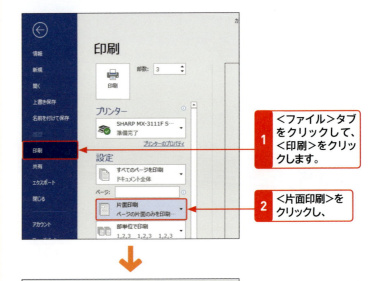

1. ＜ファイル＞タブをクリックして、＜印刷＞をクリックします。
2. ＜片面印刷＞をクリックし、

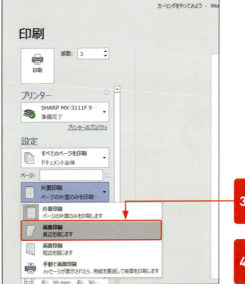

3. ＜両面印刷（長辺を綴じます）＞をクリックします。
4. ＜印刷＞をクリックして、印刷します。

💡 ヒント　長辺・短辺を綴じる

自動の両面印刷には、＜長辺を綴じます＞と＜短辺を綴じます＞の2種類があります。文書が縦長の場合は＜長辺を綴じます＞、横長の場合は＜短辺を綴じます＞を選択します。

Chapter 05

第5章

データ入力と表の操作

Section	41	**Excel とは？**
	42	**Excel の画面構成**
	43	**データ入力の基本を知る**
	44	**連続したデータをすばやく入力する**
	45	**データを修正する**
	46	**データを削除する**
	47	**セル範囲を選択する**
	48	**データをコピー・移動する**
	49	**行や列をコピー・移動する**
	50	**行や列を挿入・削除する**
	51	**セルを挿入・削除する**
	52	**ワークシートを追加する**

Section 41 Excelとは?

覚えておきたいキーワード
- ☑ Excel 2019
- ☑ 表計算ソフト
- ☑ Microsoft Office

Excelは、簡単な四則演算から複雑な関数計算、グラフの作成、データベースとしての活用など、<u>さまざまな機能を持つ表計算ソフト</u>です。文字や罫線を修飾したり、表にスタイルを適用したり、画像を挿入したりして、<u>見栄えのする文書を作成</u>することもできます。

1 表計算ソフトとは?

🔍キーワード Excel 2019

Excel 2019は、代表的な表計算ソフトの1つです。ビジネスソフトの統合パッケージである最新の「Microsoft Office」に含まれています。

表計算ソフトがないと、計算は手作業で行わなければなりませんが…

🔍キーワード 表計算ソフト

表計算ソフトは、表のもとになるマス目（セル）に数値や数式を入力して、データの集計や分析をしたり、表形式の書類を作成したりするためのアプリです。

	A	B	C	D	E	F	G	H	I
1	地区別月間売上								
2		東京	千葉	埼玉	神奈川	大阪	京都	奈良	合計
3	1月	3,250	1,780	1,650	2,580	2,870	1,930	1,340	15,400
4	2月	2,980	1,469	1,040	2,190	2,550	1,660	1,100	12,989
5	3月	3,560	1,980	1,580	2,730	2,990	1,990	1,430	16,260
6	4月	3,450	2,050	1,780	2,840	3,010	2,020	1,560	16,710
7	5月	3,680	1,850	1,350	2,980	3,220	2,150	1,220	16,450
8	6月	3,030	1,540	1,140	2,550	2,780	1,850	1,980	14,870
9	7月	4,250	2,430	2,200	3,500	3,550	2,350	1,890	20,170
10	8月	3,800	1,970	1,750	3,100	3,120	2,120	1,560	17,420
11	9月	3,960	2,050	2,010	3,300	3,400	2,550	1,780	19,050
12	合計	31,960	17,119	14,500	25,770	27,490	18,620	13,860	149,319
13	月平均	3,551	1,902	1,611	2,863	3,054	2,069	1,540	16,591
14	売上目標	30,000	17,000	15,000	25,000	28,000	18,000	14,000	147,000
15	差額	1,960	119	-500	770	-510	620	-140	2,319
16	達成率	106.53%	100.70%	96.67%	103.08%	98.18%	103.44%	99.00%	101.58%
17									

表計算ソフトを使うと、膨大なデータの集計を簡単に行うことができます。データをあとから変更しても、自動的に再計算されます。

📝メモ Webアプリケーション版とアプリ版

Office 2019は、従来と同様にパソコンにインストールして使うもののほかに、Webブラウザー上で使えるWebアプリケーション版と、スマートフォンやタブレット向けのアプリ版が用意されています。

第5章 データ入力と表の操作

2 Excelではこんなことができる！

ワークシートにデータを入力して、Excelの機能を利用すると…

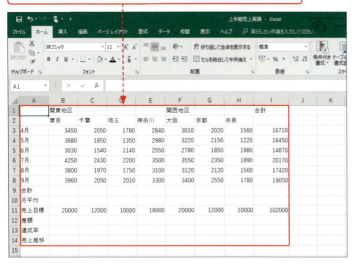

このような報告書もかんたんに作成することができます。

見栄えのする表が作成できます。

面倒な計算がかんたんにできます。

グラフを作成して、データを視覚化できます。

メモ 数式や関数の利用

数式や関数を使うと、数値の計算だけでなく、条件によって処理を振り分けたり、表を検索して特定のデータを取り出したりといった、面倒な処理もかんたんに行うことができます。Excelには、大量の関数が用意されています。

メモ 表のデータをもとにグラフを作成

表のデータをもとに、さまざまなグラフを作成することができます。グラフのレイアウトやデザインも豊富に揃っています。もとになったデータが変更されると、グラフも自動的に変更されます。

メモ デザインパーツの利用

図形やイラスト、画像などを挿入してさまざまな効果を設定したり、SmartArtを利用して複雑な図解をかんたんに作成したりすることができます。Excel 2019では、アイコンや3Dモデルも挿入できるようになりました。

メモ データベースソフトとしての活用

大量のデータが入力された表の中から条件に合うものを抽出したり、並べ替えたり、項目別にデータを集計したりといったデータベース機能が利用できます。

Section 42 Excelの画面構成

覚えておきたいキーワード
- ☑ タブ
- ☑ コマンド
- ☑ ワークシート

Excel 2019の画面は、機能を実行するためのタブと、各タブにあるコマンド、表やグラフなどを作成するためのワークシートから構成されています。画面の各部分の名称とその機能は、Excelを使っていくうえでの基本的な知識です。ここでしっかり確認しておきましょう。

1 基本的な画面構成

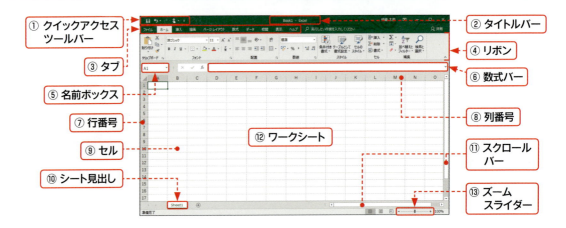

名称	機能
① クイックアクセスツールバー	頻繁に使うコマンドが表示されています。コマンドの追加や削除などもできます。
② タイトルバー	作業中のファイル名を表示しています。
③ タブ	初期状態では10個（あるいは9個）※のタブが用意されています。名前の部分をクリックしてタブを切り替えます。
④ リボン	コマンドを一連のタブに整理して表示します。コマンドはグループ分けされています。
⑤ 名前ボックス	現在選択されているセルの位置（列番号と行番号によってセルの位置を表したもの）、またはセル範囲の名前を表示します。
⑥ 数式バー	現在選択されているセルのデータまたは数式を表示します。
⑦ 行番号	行の位置を示す数字を表示しています。
⑧ 列番号	列の位置を示すアルファベットを表示しています。
⑨ セル	表のマス目です。操作の対象となっているセルを「アクティブセル」といいます。
⑩ シート見出し	シートを切り替える際に使用します。
⑪ スクロールバー	シートを縦横にスクロールする際に使用します。
⑫ ワークシート	Excelの作業スペースです。
⑬ ズームスライダー	シートの表示倍率を変更します。

※＜描画＞タブは、お使いのパソコンによっては初期設定では表示されていない場合があります。
　＜Excelのオプション＞ダイアログボックスの＜リボンのユーザー設定＞で＜描画＞をオンにすると表示されます。

2 ブック・シート・セル

Section 42 Excelの画面構成

「ブック」(=ファイル)は、1つまたは複数の「ワークシート」や「グラフシート」から構成されています。

ワークシート

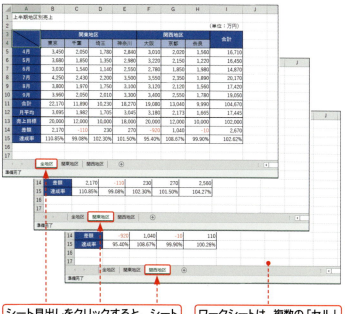

シート見出しをクリックすると、シートを切り替えることができます。

ワークシートは、複数の「セル」から構成されています。

グラフシート

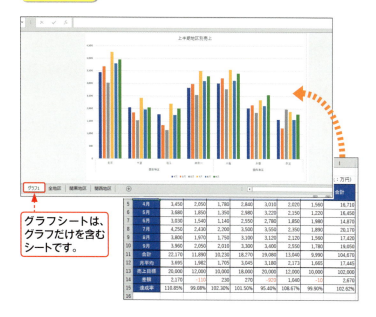

グラフシートは、グラフだけを含むシートです。

> 🔍 **キーワード　ワークシート**
>
> 「ワークシート」とは、Excelでさまざまな作業を行うためのスペースのことです。単に「シート」とも呼ばれます。

> 🔍 **キーワード　セル**
>
> 「セル」とは、ワークシートを構成する一つ一つのマス目のことです。ワークシートは、複数のセルから構成されており、このセルに文字や数値データを入力していきます。

第5章 データ入力と表の操作

125

Section 43 データ入力の基本を知る

覚えておきたいキーワード
- アクティブセル
- 表示形式
- 入力モード

セルにデータを入力するには、セルをクリックして選択状態（アクティブセル）にします。データを入力すると、ほかの表示形式が設定されていない限り、通貨スタイルや日付スタイルなど、適切な表示形式が自動的に設定されます。日本語を入力するときは、入力モードを切り替えます。

1 数値を入力する

🔍 キーワード アクティブセル

セルをクリックすると、そのセルが選択され、グリーンの枠で囲まれます。これが現在操作の対象となっているセルで、「アクティブセル」といいます。

📝 メモ データ入力と確定

データを入力すると、セル内にカーソルが表示されます。入力を確定するには、Enterを押してアクティブセルを移動します。確定する前にEscを押すと、入力がキャンセルされます。

📝 メモ ＜標準＞の表示形式

新規にワークシートを作成したとき、セルの表示形式は＜標準＞に設定されています。現在選択しているセルの表示形式は、＜ホーム＞タブの＜数値の書式＞に表示されます。

ここにセルの表示形式が表示されます。

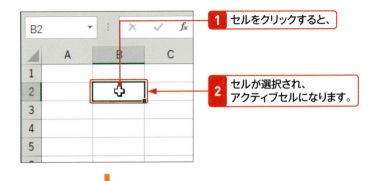
1 セルをクリックすると、
2 セルが選択され、アクティブセルになります。

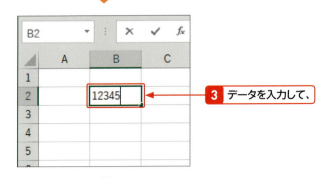
3 データを入力して、

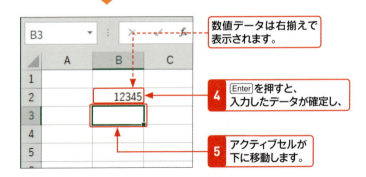
数値データは右揃えで表示されます。
4 Enterを押すと、入力したデータが確定し、
5 アクティブセルが下に移動します。

第5章 データ入力と表の操作

126

2 「,」や「¥」、「%」付きの数値を入力する

「,」(カンマ)付きで数値を入力する

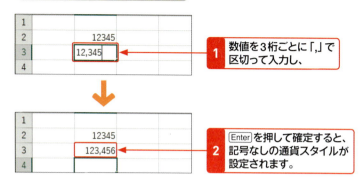

> **メモ** 「,」(カンマ)を付けて入力すると…
>
> 数値を3桁ごとに「,」(カンマ) で区切って入力すると、記号なしの通貨スタイルが自動的に設定されます。

「¥」付きで数値を入力する

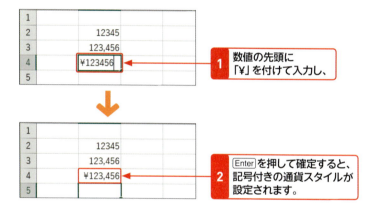

> **メモ** 「¥」を付けて入力すると…
>
> 数値の先頭に「¥」を付けて入力すると、記号付きの通貨スタイルが自動的に設定されます。

「%」付きで数値を入力する

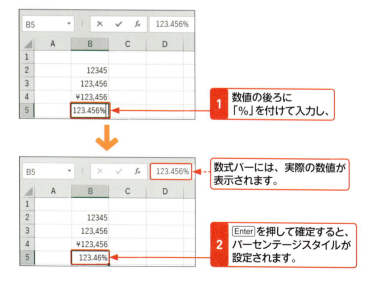

> **メモ** 「%」を付けて入力すると…
>
> 数値の末尾に「%」を付けて入力すると、自動的にパーセンテージスタイルが設定され、「%の数値」の入力になります。初期設定では、小数点以下第3位が四捨五入されて表示されます。

3 日付と時刻を入力する

メモ 日付や時刻の入力

「年、月、日」を表す数値を、西暦の場合は「/」（スラッシュ）や「-」（ハイフン）で区切って入力すると、自動的に日付スタイルが設定されます。

なお、「時、分、秒」を表す数値を「:」（コロン）で区切って入力した場合は、時刻スタイルではなく、ユーザー定義スタイルの時刻表示が設定されます。

ヒント 「####」が表示される場合は？

列幅をユーザーが変更していない場合には、データを入力すると自動的に列幅が調整されますが、すでに列幅を変更しており、その列幅が不足している場合は、下図のような表示が現れます。列幅を手動で調整すると、データが正しく表示されます。

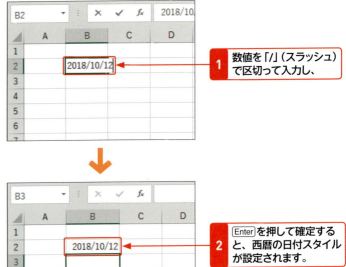

西暦の日付を入力する

1 数値を「/」（スラッシュ）で区切って入力し、

2 Enterを押して確定すると、西暦の日付スタイルが設定されます。

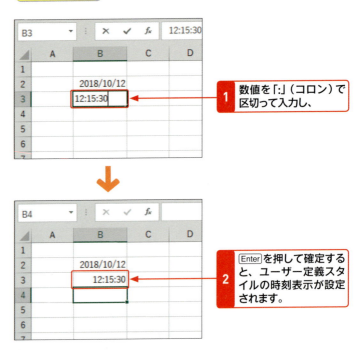

時刻を入力する

1 数値を「:」（コロン）で区切って入力し、

2 Enterを押して確定すると、ユーザー定義スタイルの時刻表示が設定されます。

4 文字を入力する

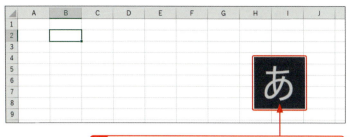

1 半角／全角 を押して、入力モードを＜ひらがな＞に切り替えます（右の「ヒント」参照）。

2 文字の読みを入力して、

3 Space を押すと、

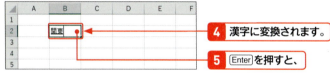

4 漢字に変換されます。

5 Enter を押すと、

6 文字が確定されます。

ヒント 入力モードの切り替え

Excel を起動したときは、入力モードが＜半角英数＞になっています。日本語を入力するには、入力モードを＜ひらがな＞に切り替えてから入力します。入力モードを切り替えるには、半角／全角 を押します。なお、Windows 10 では入力モードの切り替え時、画面中央に あ や A が表示されます。

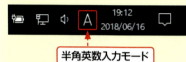

半角英数入力モード

ひらがな入力モード

メモ 違う漢字に変換する

上の手順では、Space を押すとすぐに目的の漢字に変換されましたが、違う漢字に変換したいときは、もう一度 Space を押します。漢字の変換候補が一覧で表示されるので、Space または ↓ を押して、目的の漢字を選択します。

2 Space または ↓ を押して、目的の漢字に移動し、Enter を押します。

1 文字の読みを入力して、Space を2回押すと、変換候補が表示されるので、

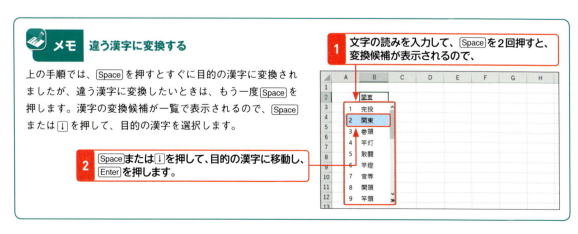

Section 44 連続したデータをすばやく入力する

覚えておきたいキーワード
☑ フィルハンドル
☑ オートフィル
☑ 連続データ

同じデータや連続するデータをすばやく入力するには、オートフィル機能を利用すると便利です。オートフィルは、セルのデータをもとにして、同じデータや連続するデータをドラッグやダブルクリック操作で自動的に入力する機能です。

1 同じデータをすばやく入力する

🔍 キーワード　オートフィル

「オートフィル」とは、セルのデータをもとにして、同じデータや連続するデータをドラッグやダブルクリック操作で自動的に入力する機能です。

📝 メモ　オートフィルによるデータのコピー

連続データとみなされないデータや、数字だけが入力されたセルを1つだけ選択して、フィルハンドルを下方向かに右方向にドラッグすると、データをコピーすることができます。「オートフィル」を利用するには、連続データの初期値やコピーもととなるデータの入ったセルをクリックして、「フィルハンドル」(セルの右下隅にあるグリーンの四角形) をドラッグします。

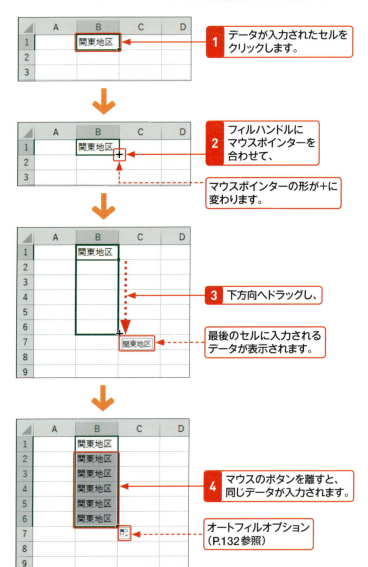

2 連続するデータをすばやく入力する

曜日を入力する

1 「月曜日」と入力されたセルをクリックして、フィルハンドルを下方向へドラッグします。

2 マウスのボタンを離すと、曜日の連続データが入力されます。

連続する数値を入力する

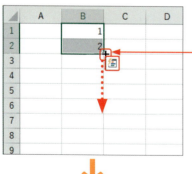

1 連続するデータが入力されたセルを選択し、フィルハンドルを下方向へドラッグします。

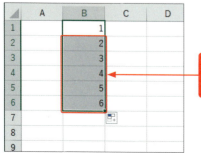

2 マウスのボタンを離すと、数値の連続データが入力されます。

ヒント こんな場合も連続データになる

オートフィルでは、＜ユーザー設定リスト＞ダイアログボックス（P.133の下の「ヒント」参照）に登録されているデータが連続データとして入力されますが、それ以外にも、連続データとみなされるものがあります。

間隔を空けた2つ以上の数字

数字と数字以外の文字を含むデータ

ステップアップ 連続する数値を入力するそのほかの方法

左の方法のほかに、数値を入力したセルを選択して、Ctrlを押しながらフィルハンドルをドラッグしても、数値の連続データを入力できます。

Ctrlを押しながらフィルハンドルをドラッグします。

3 間隔を指定して日付データを入力する

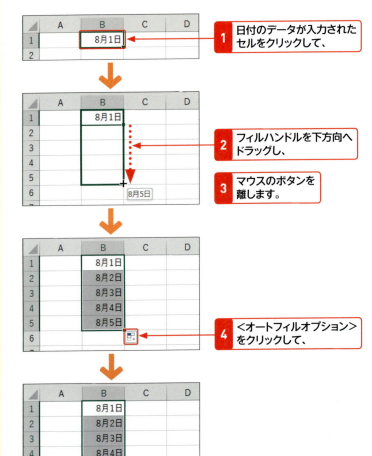

キーワード　オートフィルオプション

オートフィルの動作は、右の手順4のように、＜オートフィルオプション＞ をクリックすることで変更できます。オートフィルオプションに表示されるメニューは、入力したデータの種類によって異なります。

メモ　日付の間隔の選択

オートフィルを利用して日付の連続データを入力した場合は、＜オートフィルオプション＞ をクリックして表示される一覧から日付の間隔を指定することができます。

①日単位
　日付が連続して入力されます。
②週日単位
　土日を除いた日付が連続して入力されます。
③月単位
　「1月1日」「2月1日」「3月1日」…のように、月が連続して入力されます。
④年単位
　「2018/1/1」「2019/1/1」「2020/1/1」…のように、年が連続して入力されます。

4 ダブルクリックで連続するデータを入力する

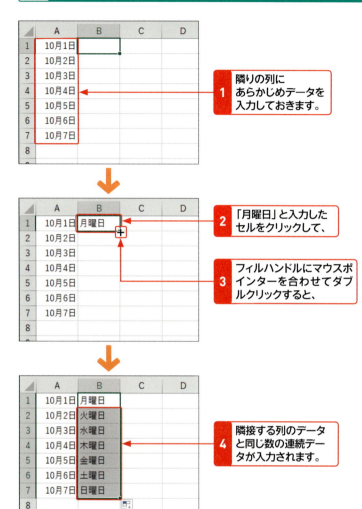

メモ ダブルクリックで入力できるデータ

ダブルクリックで連続データを入力するには、隣接した列にデータが入力されている必要があります。また、入力できるのは下方向に限られます。

ヒント ＜オートフィルオプション＞をオフにするには？

＜オートフィルオプション＞が表示されないように設定することもできます。＜ファイル＞タブから＜オプション＞をクリックして、＜Excelのオプション＞ダイアログボックスを表示します。続いて、＜詳細設定＞をクリックして、＜コンテンツを貼り付けるときに［貼り付けオプション］ボタンを表示する＞と＜［挿入オプション］ボタンを表示する＞をクリックしてオフにします。

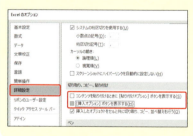

ヒント 連続データとして扱われるデータ

連続データとして入力されるデータのリストは、＜ユーザー設定リスト＞ダイアログボックスで確認することができます。＜ユーザー設定リスト＞ダイアログボックスは、＜ファイル＞タブから＜オプション＞をクリックし、＜詳細設定＞をクリックして、＜全般＞グループの＜ユーザー設定リストの編集＞をクリックすると表示されます。

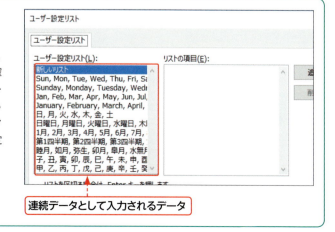

連続データとして入力されるデータ

Section 45 データを修正する

覚えておきたいキーワード
- ☑ データの書き換え
- ☑ データの挿入
- ☑ データの上書き

セルに入力した数値や文字を修正することはよくあります。セルに入力したデータを修正するには、セル内のデータをすべて書き換える方法とデータの一部を修正する方法があります。それぞれ修正方法が異なるので、ここでしっかり確認しておきましょう。

1 セルのデータを修正する

ヒント データの修正をキャンセルするには？

入力を確定する前に修正をキャンセルしたい場合は、Escを数回押すと、もとのデータに戻ります。また、入力を確定した直後に、<元に戻す> をクリックしても、入力を取り消すことができます。

<元に戻す>をクリックすると、入力を取り消すことができます。

「関東」を「東京」に修正します。

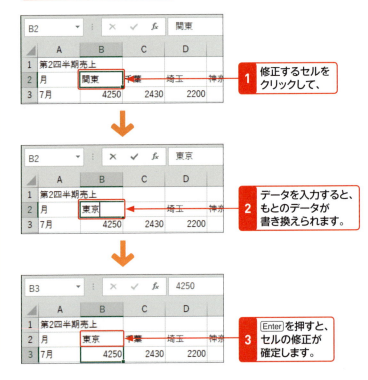

1. 修正するセルをクリックして、
2. データを入力すると、もとのデータが書き換えられます。
3. Enterを押すと、セルの修正が確定します。

ステップアップ 数式バーを利用して修正する

セル内のデータの修正は、数式バーを利用して行うこともできます。目的のセルをクリックして数式バーをクリックすると、数式バー内にカーソルが表示され、データが修正できるようになります。

1. 修正するセルをクリックして、
2. 数式バーをクリックすると、カーソルが表示されます。

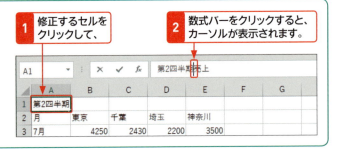

2 セルのデータの一部を修正する

データを挿入する

1 修正したいデータの入ったセルをダブルクリックすると、

2 セル内にカーソルが表示されます。

3 修正したい文字の後ろにカーソルを移動して、

4 データを入力すると、カーソルの位置にデータが挿入されます。

5 Enter を押すと、セルの修正が確定します。

データを上書きする

1 修正したいデータの入ったセルをダブルクリックして、

2 データの一部をドラッグして選択します。

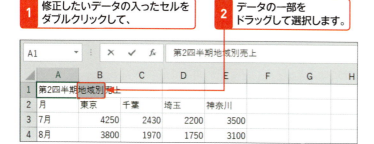

3 データを入力すると、選択した部分が置き換えられます。

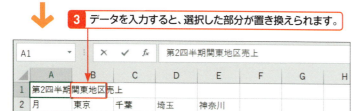

4 Enter を押すと、セルの修正が確定します。

> **メモ　データの一部の修正**
>
> セル内のデータの一部を修正するには、目的のセルをダブルクリックして、セル内にカーソルを表示します。目的の位置にカーソルが表示されていない場合は、セル内をクリックするか、←や→を押して、カーソルを移動します。なお、セルの枠をダブルクリックすると、一番上や一番下の列までジャンプしてしまうので、注意が必要です。

> **ヒント　セル内にカーソルを表示しても修正できない**
>
> セル内にカーソルを表示してもデータを修正できない場合は、そのセルにデータがなく、いくつか左側のセルに入力されている長い文字列が、セルの上にまたがって表示されています。この場合は、文字列の左側のセルをダブルクリックして修正します。

このセルには何も入力されていません。

このセルに入力されています。

Section 46 データを削除する

覚えておきたいキーワード
- ☑ データの削除
- ☑ 数式と値のクリア
- ☑ 書式のクリア

セル内のデータを削除するには、データを削除したいセルをクリックして、＜ホーム＞タブの＜クリア＞をクリックし、＜数式と値のクリア＞をクリックします。複数のセルのデータを削除するには、データを削除するセル範囲をドラッグして選択し、同様に操作します。

1 セルのデータを削除する

> **メモ　セルのデータを削除するそのほかの方法**
>
> 右の手順のほか、削除したいセルをクリックして、Delete を押すか、セルを右クリックして＜数式と値のクリア＞をクリックしても同様に削除することができます。

1 データを削除するセルをクリックします。

2 ＜ホーム＞タブをクリックして、

3 ＜クリア＞をクリックし、

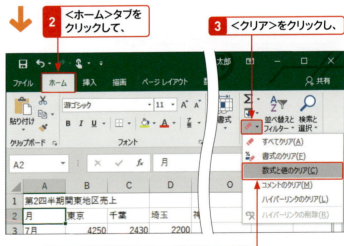

4 ＜数式と値のクリア＞をクリックすると、

5 セルのデータが削除されます。

> **メモ　削除したデータをもとに戻す**
>
> 削除した直後にクイックアクセスツールバーの＜元に戻す＞をクリックすると、データをもとに戻すことができます。

2 複数のセルのデータを削除する

1 データをクリアするセル範囲の始点となるセルにマウスポインターを合わせ、

2 そのまま終点となるセルまでをドラッグして、セル範囲を選択します。

3 <ホーム>タブをクリックして、

4 <クリア>をクリックし、

5 <数式と値のクリア>をクリックすると、

6 選択したセル範囲のデータが削除されます。

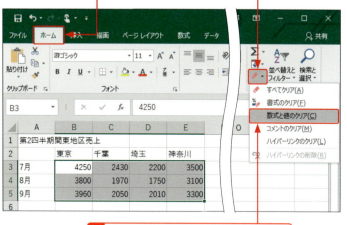

 キーワード　クリア

「クリア」とは、セルの数式や値、書式を消す操作です。行や列、セルはそのまま残ります。

 ヒント　<すべてクリア>と<書式のクリア>

手順4のメニュー内の<すべてクリア>は、データだけでなく、セルに設定されている書式も同時にクリアしたいときに利用します。<書式のクリア>は、セルに設定されている書式だけをクリアしたいときに利用します。

Section 47 セル範囲を選択する

覚えておきたいキーワード
- セル範囲の選択
- アクティブセル領域
- 行や列の選択

データのコピーや移動、書式設定などを行う際には、操作の対象となるセルやセル範囲を選択します。複数のセルや行・列などを選択しておけば、1回の操作で書式などをまとめて変更できるので効率的です。セル範囲の選択には、マウスのドラッグ操作やキーボード操作など、いくつかの方法があります。

1 複数のセル範囲を選択する

メモ 選択方法の使い分け

セル範囲を選択する際は、セル範囲の大きさによって選択方法を使い分けるとよいでしょう。選択する範囲がそれほど大きくない場合はマウスでドラッグし、セル範囲が広い場合はマウスとキーボードで選択すると効率的です。

マウス操作だけでセル範囲を選択する

1 選択範囲の始点となるセルにマウスポインターを合わせて、

2 そのまま、終点となるセルまでドラッグし、

3 マウスのボタンを離すと、セル範囲が選択されます。

ヒント セル範囲が選択できない?

ドラッグ操作でセル範囲を選択するときは、マウスポインターの形が の状態で行います。セル内にカーソルが表示されているときや、マウスポインターの形が ✚ でないときは、セル範囲を選択することができません。

この状態ではセル範囲を選択できません。

マウスとキーボードでセル範囲を選択する

1 選択範囲の始点となるセルをクリックして、

1	第2四半期関東地区売上				
2		東京	千葉	埼玉	神奈川
3	7月	4250	2430	2200	3500
4	8月	3800	1970	1750	3100
5	9月	3960	2050	2010	3300
6					

2 Shift を押しながら、終点となるセルをクリックすると、

3 セル範囲が選択されます。

1	第2四半期関東地区売上				
2		東京	千葉	埼玉	神奈川
3	7月	4250	2430	2200	3500
4	8月	3800	1970	1750	3100
5	9月	3960	2050	2010	3300
6					

マウスとキーボードで選択範囲を広げる

1 選択範囲の始点となるセルをクリックします。

1	第2四半期関東地区売上				
2		東京	千葉	埼玉	神奈川
3	7月	4250	2430	2200	3500
4	8月	3800	1970	1750	3100
5	9月	3960	2050	2010	3300

2 Shift を押しながら → を押すと、右のセルに範囲が拡張されます。

1	第2四半期関東地区売上				
2		東京	千葉	埼玉	神奈川
3	7月	4250	2430	2200	3500
4	8月	3800	1970	1750	3100
5	9月	3960	2050	2010	3300

3 Shift を押しながら ↓ を押すと、下の行にセル範囲が拡張されます。

1	第2四半期関東地区売上				
2		東京	千葉	埼玉	神奈川
3	7月	4250	2430	2200	3500
4	8月	3800	1970	1750	3100
5	9月	3960	2050	2010	3300

ヒント 選択を解除するには？

選択したセル範囲を解除するには、ワークシート内のいずれかのセルをクリックします。

ステップアップ ワークシート全体を選択する

ワークシート左上の行番号と列番号が交差している部分をクリックすると、ワークシート全体を選択することができます。ワークシート内のすべてのセルの書式を一括して変更する場合などに便利です。

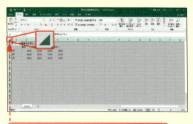

この部分をクリックすると、ワークシート全体が選択されます。

Section 47 セル範囲を選択する

第5章 データ入力と表の操作

2 離れた位置にあるセルを選択する

メモ　離れた位置にあるセルの選択

離れた位置にある複数のセルを同時に選択したいときは、最初のセルをクリックしたあと、Ctrlを押しながら選択したいセルをクリックしていきます。

1 最初のセルをクリックして、

	A	B	C	D	E	F	G
1	第2四半期関東地区売上						
2		東京	千葉	埼玉	神奈川		
3	7月	4250	2430	2200	3500		
4	8月	3800	1970	1750	3100		
5	9月	3960	2050	2010	3300		
6							

2 Ctrlを押しながら別のセルをクリックすると、離れた位置にあるセルが追加選択されます。

	A	B	C	D	E	F	G
1	第2四半期関東地区売上						
2		東京	千葉	埼玉	神奈川		
3	7月	4250	2430	2200	3500		
4	8月	3800	1970	1750	3100		
5	9月	3960	2050	2010	3300		
6							

3 アクティブセル領域を選択する

キーワード　アクティブセル領域

「アクティブセル領域」とは、アクティブセルを含む、データが入力された矩形（長方形）のセル範囲のことをいいます。ただし、間に空白の行や列があると、そこから先のセル範囲は選択されません。アクティブセル領域の選択は、データが入力された領域にだけ書式を設定したい場合などに便利です。

1 表内のいずれかのセルをクリックして、

	A	B	C	D	E	F	G
1	第2四半期関東地区売上						
2		東京	千葉	埼玉	神奈川		
3	7月	4250	2430	2200	3500		
4	8月	3800	1970	1750	3100		
5	9月	3960	2050	2010	3300		
6							

2 Ctrlを押しながらShiftと:を押すと、

3 アクティブセル領域が選択されます。

	A	B	C	D	E	F	G
1	第2四半期関東地区売上						
2		東京	千葉	埼玉	神奈川		
3	7月	4250	2430	2200	3500		
4	8月	3800	1970	1750	3100		
5	9月	3960	2050	2010	3300		
6							

Section 47 セル範囲を選択する

4 行や列を選択する

1 行番号にマウスポインターを合わせて、

2 クリックすると、行全体が選択されます。

3 Ctrl を押しながら別の行番号をクリックすると、

4 離れた位置にある行が追加選択されます。

メモ 列の選択

列を選択する場合は、列番号をクリックします。離れた位置にある列を同時に選択する場合は、最初の列番号をクリックしたあと、Ctrl を押しながら別の列番号をクリックまたはドラッグします。

列番号をクリックすると、列全体が選択されます。

Ctrl を押しながら別の列番号をクリックすると、離れた位置にある列が追加選択されます。

5 行や列をまとめて選択する

1 行番号の上にマウスポインターを合わせて、

2 そのままドラッグすると、

3 複数の行が選択されます。

メモ 列をまとめて選択する

複数の列をまとめて選択する場合は、列番号をドラッグします。行や列をまとめて選択することによって、行／列単位でのコピーや移動、挿入、削除などを行うことができます。

列番号をドラッグすると、複数の列が選択されます。

第5章 データ入力と表の操作

141

Section 48 データをコピー・移動する

覚えておきたいキーワード
- ☑ データのコピー
- ☑ データの移動
- ☑ クリップボード

セル内に入力したデータをコピー／移動するには、＜ホーム＞タブの＜コピー＞と＜貼り付け＞を使う、ドラッグ操作を使う、ショートカットキーを使う、などの方法があります。ここでは、それぞれの方法を使ってコピーや移動する方法を解説します。

1 データをコピーする

ヒント　セルの書式もコピー・移動される

右の手順のように、データが入力されているセルごとコピー（あるいは移動）すると、セルに入力されたデータだけではなく、セルに設定してある書式や表示形式も含めて、コピー（あるいは移動）されます。

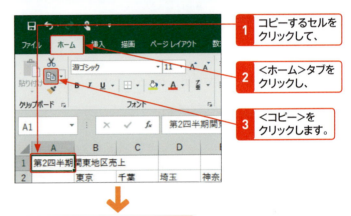

1. コピーするセルをクリックして、
2. ＜ホーム＞タブをクリックし、
3. ＜コピー＞をクリックします。
4. 貼り付け先のセルをクリックして、

メモ　ショートカットキーを使う

ショートカットキーを使ってデータをコピーすることもできます。コピーするセルをクリックして、[Ctrl]を押しながら[C]を押します。続いて、貼り付け先のセルをクリックして、[Ctrl]を押しながら[V]を押します。

5. ＜ホーム＞タブの＜貼り付け＞をクリックすると、
6. 選択したセルがコピーされます。

次ページの「ステップ」アップ参照

ヒント　データの貼り付け

コピーもとのセル範囲が破線で囲まれている間は、データを何度でも貼り付けることができます。また、破線が表示されている状態で[Esc]を押すと、破線が消えてコピーが解除されます。

2 ドラッグ操作でデータをコピーする

1 コピーするセル範囲を選択します。

	A	B	C	D	E	F	G	H
1	第2四半期関東地区売上							
2		東京	千葉	埼玉	神奈川	合計		
3	7月	4250	2430	2200	3500			
4	8月	3800	1970	1750	3100			
5	9月	3960	2050	2010	3300			
6	合計							
7								
8	第2四半期関東地区売上							
9								
10								

2 境界線にマウスポインターを合わせて [Ctrl] を押すと、ポインターの形が変わるので、

3 [Ctrl] を押しながらドラッグします。

	A	B	C	D	E	F	G	H
1	第2四半期関東地区売上							
2		東京	千葉	埼玉	神奈川	合計		
3	7月	4250	2430	2200	3500			
4	8月	3800	1970	1750	3100			
5	9月	3960	2050	2010	3300			
6	合計							
7								
8	第2四半期関東地区売上							
9								
10				B9:F9				
11								

4 表示される枠を目的の位置に合わせて、マウスのボタンを離すと、

5 選択したセル範囲がコピーされます。

	A	B	C	D	E	F	G	H
1	第2四半期関東地区売上							
2		東京	千葉	埼玉	神奈川	合計		
3	7月	4250	2430	2200	3500			
4	8月	3800	1970	1750	3100			
5	9月	3960	2050	2010	3300			
6	合計							
7								
8	第2四半期関東地区売上							
9		東京	千葉	埼玉	神奈川	合計		
10								

メモ ドラッグ操作によるデータのコピー

選択したセル範囲の境界線上にマウスポインターを合わせて [Ctrl] を押すと、マウスポインターの形が変わります。この状態でドラッグすると、貼り付け先の位置を示す枠が表示されるので、目的の位置でマウスのボタンを離すと、セル範囲をコピーできます。

ステップアップ 貼り付けのオプション

データを貼り付けたあと、その結果の右下に表示される＜貼り付けのオプション＞をクリックするか、[Ctrl] を押すと、貼り付けたあとで結果を修正するためのメニューが表示されます（詳細はSec.62参照）。ただし、ドラッグでコピーした場合は表示されません。

1 ＜貼り付けのオプション＞をクリックすると、

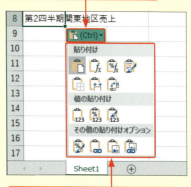

2 結果を修正するためのメニューが表示されます。

3 データを移動する

メモ ショートカットキーを使う

ショートカットキーを使ってデータを移動することもできます。移動するセルをクリックして、Ctrlを押しながらXを押します。続いて、移動先のセルをクリックして、Ctrlを押しながらVを押します。

1 移動するセル範囲を選択して、

2 <ホーム>タブをクリックし、

3 <切り取り>をクリックします。

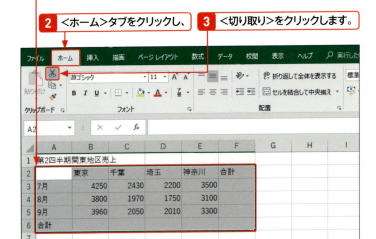

4 移動先のセルをクリックして、

5 <ホーム>タブの<貼り付け>をクリックすると、

6 選択したセル範囲が移動されます。

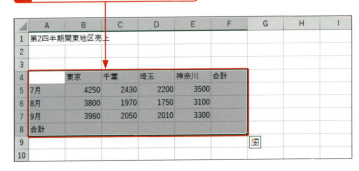

ヒント 移動をキャンセルするには?

移動するセル範囲に破線が表示されている間は、Escを押すと、移動をキャンセルすることができます。移動をキャンセルすると、セル範囲の破線が消えます。

4 ドラッグ操作でデータを移動する

1 移動するセルをクリックして、

2 境界線にマウスポインターを合わせると、ポインターの形が変わります。

3 移動先へドラッグしてマウスのボタンを離すと、

4 選択したセルが移動されます。

⚠ 注意　ドラッグ操作でコピー／移動する際の注意

ドラッグ操作でデータをコピーや移動したりすると、クリップボードにデータが保管されないため、データは一度しか貼り付けられず、＜貼り付けのオプション＞も表示されません。
また、移動先のセルにデータが入力されているときは、内容を置き換えるかどうかを確認するダイアログボックスが表示されます。

🔍 キーワード　クリップボード

「クリップボード」とはWindowsの機能の1つで、コピーまたは切り取りの機能を利用したときに、データが一時的に保管される場所のことです。

🔼 ステップアップ　＜クリップボード＞ウィンドウの利用

＜ホーム＞タブの＜クリップボード＞グループの 🗔 をクリックすると、＜クリップボード＞ウィンドウが表示されます。これはWindowsのクリップボードとは異なる「Officeのクリップボード」です。Officeの各アプリケーションのデータを24個まで保管できます。

ここをクリックすると、＜クリップボード＞作業ウィンドウが閉じます。

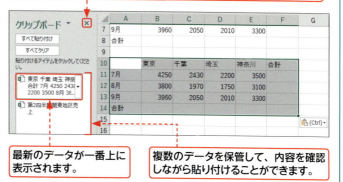

最新のデータが一番上に表示されます。

複数のデータを保管して、内容を確認しながら貼り付けることができます。

145

Section 49 行や列をコピー・移動する

覚えておきたいキーワード
☑ 行や列のコピー
☑ 行や列の移動
☑ シフト

データを入力して書式を設定した行や列を、ほかの表でも利用したいことはよくあります。この場合は、<u>行や列をコピー</u>すると効率的です。また、<u>行や列を移動</u>することもできます。行や列を移動すると、<u>数式のセルの位置も自動的に変更</u>されるので、計算し直す必要はありません。

1 行や列をコピーする

メモ 列をコピーする

列をコピーする場合は、列番号をクリックして列を選択し、右の手順でコピーします。列の場合も行と同様に、セルに設定している書式も含めてコピーされます。

注意 コピー先にデータがある場合は？

行や列をコピーする際、コピー先にデータがあった場合は上書きされてしまうので、注意が必要です。

ヒント マウスのドラッグ操作でコピー・移動する

行や列のコピーや移動は、マウスのドラッグ操作で行うこともできます。コピー／移動する行や列を選択してセルの枠にマウスポインターを合わせ、ポインターの形が に変わった状態でドラッグすると移動されます。Ctrl を押しながらドラッグするとコピーされます。

Ctrl を押しながらドラッグすると、コピーされます。

行をコピーする

1. 行番号をクリックして行を選択し、
2. <ホーム>タブをクリックして、
3. <コピー>をクリックします。

4. 行をコピーする位置の行番号をクリックして、
5. <ホーム>タブの<貼り付け>をクリックすると、
6. 選択した行が書式も含めてコピーされます。

2 行や列を移動する

列を移動する

1 列番号をクリックして、移動する列を選択し、
2 <ホーム>タブをクリックして、
3 <切り取り>をクリックします。

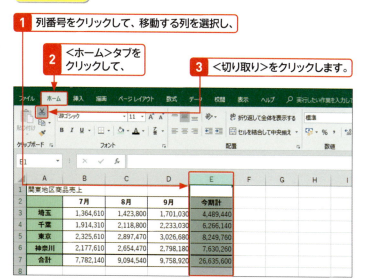

4 列を移動する位置の列番号をクリックして、

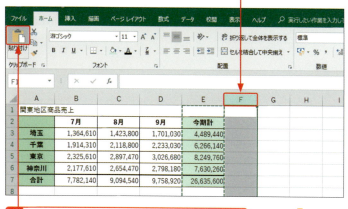

5 <ホーム>タブの<貼り付け>をクリックすると、
6 列が移動されます。
7 数式が入力されている場合、セルの位置も自動的に変更されます。

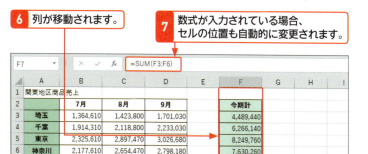

メモ 行を移動する

行を移動する場合は、行番号をクリックして移動する行を選択し、左の手順で移動します。行や列を移動する場合も、貼り付け先にデータがあった場合は、上書きされるので注意が必要です。

ステップアップ 上書きせずにコピー・移動する

現在のセルを上書きせずに、行や列をコピーしたり移動したりすることもできます。マウスの右クリックで対象をドラッグし、コピーあるいは移動したい位置でマウスのボタンを離し、<下へシフトしてコピー>あるいは<下へシフトして移動>をクリックします。この操作を行うと、指定した位置に行や列が挿入あるいは移動されます。

1 マウスの右クリックでドラッグし、
2 マウスのボタンを離して、
3 <下へシフトしてコピー>あるいは<下へシフトして移動>をクリックします。

Section 50 行や列を挿入・削除する

覚えておきたいキーワード
- ☑ 行／列の挿入
- ☑ 行／列の削除
- ☑ 挿入オプション

表を作成したあとで新しい項目が必要になった場合は、行や列を挿入してデータを追加します。また、不要になった項目は、行単位や列単位で削除することができます。挿入した行や列には上の行や左の列の書式が適用されますが、不要な場合は書式を解除することができます。

1 行や列を挿入する

メモ 行を挿入する

行を挿入すると、選択した行の上に新しい行が挿入され、選択した行以下の行は1行分下方向に移動します。挿入した行には上の行の書式が適用されるので、下の行の書式を適用したい場合は、右の手順で操作します。書式が不要な場合は、手順 7 で＜書式のクリア＞をクリックします。

ヒント 複数の行や列を挿入する

複数の行を挿入するには、行番号をドラッグして、挿入したい行数分の行を選択してから、手順 2 以降の操作を実行します。複数の列を挿入する場合は、挿入したい列数分の列を選択してから列を挿入します。

メモ 列を挿入する

列を挿入する場合は、列番号をクリックして列を選択します。右の手順 4 で＜シートの列を挿入＞をクリックすると、選択した列の左に列が挿入され、選択した列以降の列は1列分右方向に移動します。

行を挿入する

1 行番号をクリックして行を選択し、

2 ＜ホーム＞タブをクリックします。

3 ＜挿入＞のここをクリックして、

4 ＜シートの行を挿入＞をクリックすると、

5 選択した行の上に新しい行が挿入されます。

6 ＜挿入オプション＞をクリックして、

7 ＜下と同じ書式を適用＞をクリックすると、

8 挿入した行の書式が下と同じものに変更されます。

148

2 行や列を削除する

Section 50 行や列を挿入・削除する

列を削除する

1 列番号をクリックして、削除する列を選択します。

2 <ホーム>タブをクリックして、

3 <削除>のここをクリックし、

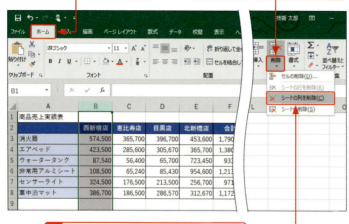

4 <シートの列を削除>をクリックすると、

5 列が削除されます。

6 数式が入力されている場合は、自動的に再計算されます。

 メモ 行を削除する

行を削除する場合は、行番号をクリックして削除する行を選択します。左の手順 **4** で<シートの行を削除>をクリックすると、選択した行が削除され、下の行がその位置に移動してきます。

 ヒント 挿入した行や列の書式を設定できる

挿入した行や列には、上の行（または左の列）の書式が適用されます。上の行（左の列）の書式を適用したくない場合は、行や列を挿入すると表示される<挿入オプション>をクリックし、挿入した行や列の書式を下の行（または右の列）と同じ書式にしたり、書式を解除したりすることができます（前ページ参照）。

列を挿入して<挿入オプション>をクリックした場合

 メモ 行や列を挿入・削除するそのほかの方法

行や列の挿入と削除は、選択した行や列を右クリックすると表示されるショートカットメニューからも行うことができます。

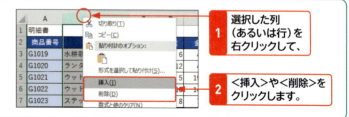

1 選択した列（あるいは行）を右クリックして、

2 <挿入>や<削除>をクリックします。

Section 51 セルを挿入・削除する

覚えておきたいキーワード
- ☑ セルの挿入
- ☑ セルの削除
- ☑ セルの移動方向

行単位や列単位で挿入や削除を行うだけではなく、セル単位でも挿入や削除を行うことができます。セルを挿入や削除する際は、挿入や削除後のセルの移動方向を指定します。挿入したセルには上や左のセルの書式が適用されますが、不要な場合は書式を解除することができます。

1 セルを挿入する

メモ セルを挿入するそのほかの方法

セルを挿入するには、右の手順のほかに、選択したセル範囲を右クリックすると表示されるショートカットメニューの<挿入>を利用する方法があります。

ヒント 挿入後のセルの移動方向

セルを挿入する場合は、右の手順のように<セルの挿入>ダイアログボックスで挿入後のセルの移動方向を指定します。指定できる項目は次の4とおりです。

①右方向にシフト
　選択したセルとその右側にあるセルが、右方向へ移動します。
②下方向にシフト
　選択したセルとその下側にあるセルが、下方向へ移動します。
③行全体
　行を挿入します。
④列全体
　列を挿入します。

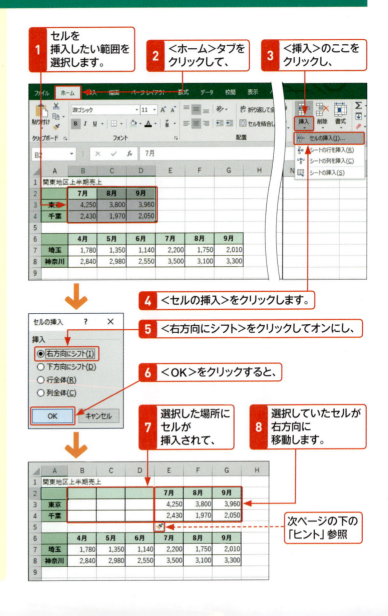

第5章 データ入力と表の操作

150

2 セルを削除する

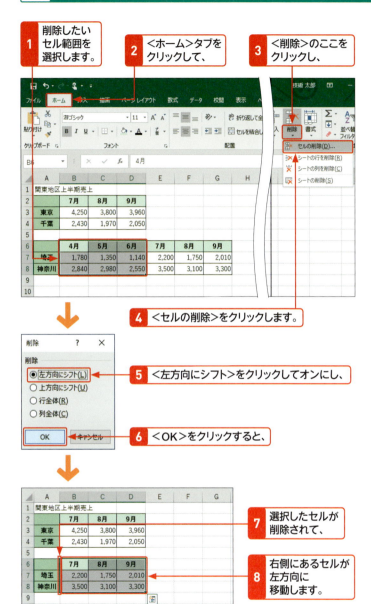

> **メモ** セルを削除するそのほかの方法
>
> セルを削除するには、左の手順のほかに、選択したセル範囲を右クリックすると表示されるショートカットメニューの＜削除＞を利用する方法があります。

> **ヒント** 削除後のセルの移動方向
>
> セルを削除する場合は、左の手順のように＜削除＞ダイアログボックスで削除後のセルの移動方向を選択します。選択できる項目は次の4とおりです。
>
> ①左方向にシフト
>   削除したセルの右側にあるセルが左方向へ移動します。
> ②上方向にシフト
>   削除したセルの下側にあるセルが上方向へ移動します。
> ③行全体
>   行を削除します。
> ④列全体
>   列を削除します。

> **ヒント** 挿入したセルの書式を設定できる
>
> 挿入したセルの上のセル（または左のセル）に書式が設定されていると、＜挿入オプション＞が表示されます。これを利用すると、挿入したセルの書式を左右または上下のセルと同じ書式にしたり、書式を解除したりすることができます。

Section 52 ワークシートを追加する

覚えておきたいキーワード
- ワークシート
- 新しいワークシート
- ワークシートの切り替え

新規に作成したブックには、1枚のワークシートが表示されています。ワークシートは切り替えて表示することができ、必要に応じて新しいワークシートを追加することができます。また、ワークシートはショートカットキーで切り替えることもできます。

1 ワークシートを追加する

キーワード ワークシート

「ワークシート」とは、Excelの作業スペースのことです。単に「シート」とも呼ばれます。Excel 2019の初期設定では、あらかじめ1枚のワークシートが用意されています。

1 <新しいシート>をクリックすると、

2 新しいワークシートが後ろに追加されます。

2 ワークシートを切り替える

メモ ワークシートを切り替えるそのほかの方法

ワークシートを切り替えるには、右の手順のほかに、ショートカットキーを利用する方法もあります。Ctrl を押しながら PageDown を押すと次のワークシートに、Ctrl を押しながら PageUp を押すと前のワークシートに切り替わります。

1 切り替えたいワークシートのシート見出し（ここでは「Sheet1」）をクリックすると、

2 ワークシートが「Sheet1」に切り替わります。

Chapter 06

第6章

文字とセルの書式

Section	53	セルの表示形式を変更する
	54	文字の配置を変更する
	55	文字のスタイルを変更する
	56	フォントサイズやフォントを変更する
	57	文字やセルに色を付ける
	58	罫線を引く
	59	列幅や行の高さを調整する
	60	セルを結合する
	61	セルの書式をコピーする
	62	値や数式のみ貼り付ける
	63	条件に基づいて書式を変更する

Section 53 セルの表示形式を変更する

覚えておきたいキーワード
☑ 通貨スタイル
☑ パーセンテージスタイル
☑ 小数点以下の表示桁数

表示形式は、データを目的に合った形式でワークシート上に表示するための機能です。これを利用して数値を通貨スタイル、パーセンテージスタイルなどで表示することによって、表を見やすく使いやすくすることができます。

1 表示形式を通貨スタイルに変更する

メモ　通貨スタイルへの変更

数値の表示形式を通貨スタイルに変更すると、数値の先頭に「¥」が付き、3桁ごとに「,」(カンマ)で区切った形式で表示されます。また、小数点以下の数値がある場合は、四捨五入されて表示されます。

ヒント　別の通貨記号を使うには？

「¥」以外の通貨記号を使いたい場合は、<通貨表示形式> の▼をクリックして表示される一覧から利用したい通貨記号を指定します。メニュー最下段の<その他の通貨表示形式>をクリックすると、<セルの書式設定>ダイアログボックスが表示され、そのほかの通貨記号が選択できます。

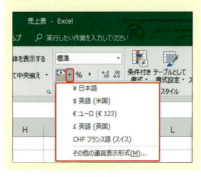

1 表示形式を変更するセル範囲を選択します。

2 <ホーム>タブをクリックして、

3 <通貨表示形式>をクリックすると、

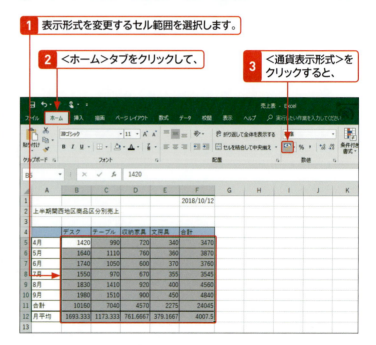

4 選択したセル範囲が通貨スタイルに変更されます。

小数点以下の数値は四捨五入されて表示されます。

2 表示形式をパーセンテージスタイルに変更する

1. 表示形式を変更するセル範囲を選択します。
2. <ホーム>タブをクリックして、
3. <パーセントスタイル>をクリックすると、

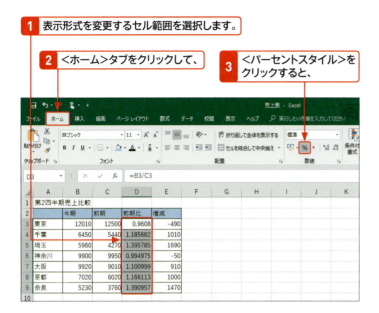

> **メモ** パーセンテージスタイルへの変更
>
> 数値をパーセンテージスタイルに変更すると、小数点以下の桁数が「0」(ゼロ)のパーセンテージスタイルになります。

4. 選択したセル範囲がパーセンテージスタイルに変更されます。

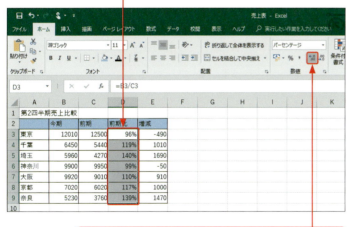

> **ヒント** 小数点以下の表示桁数を変更する
>
> <ホーム>タブの<小数点以下の表示桁数を増やす>をクリックすると、小数点以下の桁数が1つ増え、<小数点以下の表示桁数を減らす>をクリックすると、小数点以下の桁数が1つ減ります。この場合、セルの表示上はデータが四捨五入されていますが、実際のデータは変更されません。

5. <小数点以下の表示桁数を増やす>をクリックすると、

6. 小数点以下の数字が1つ増えます。

小数点以下の表示桁数を増やす

小数点以下の表示桁数を減らす

Section 54 文字の配置を変更する

覚えておきたいキーワード
☑ 中央揃え
☑ 折り返して表示
☑ 文字配置

文字を入力した直後は、数値は右揃えに、文字は左揃えに配置されますが、この配置は任意に変更できます。また、セルの中に文字が入りきらない場合は、文字を折り返して表示することも可能です。

1 文字をセルの中央に揃える

メモ 文字の左右の配置

＜ホーム＞タブの＜配置＞グループで以下のコマンドを利用すると、セル内の文字を左揃えや中央揃え、右揃えに設定できます。

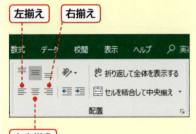

ステップアップ 文字の上下の配置

＜ホーム＞タブの＜配置＞グループで以下のコマンドを利用すると、セル内の文字を上揃えや上下中央揃え、下揃えに設定できます。

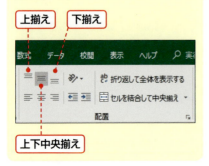

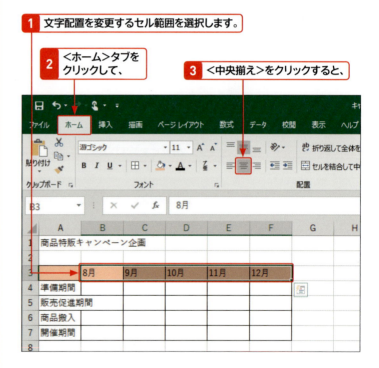

1 文字配置を変更するセル範囲を選択します。
2 ＜ホーム＞タブをクリックして、
3 ＜中央揃え＞をクリックすると、

4 文字が中央揃えに設定されます。

2 セルに合わせて文字を折り返す

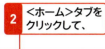

1 セル内に文字が収まっていないセルをクリックします。

2 <ホーム>タブをクリックして、

3 <折り返して全体を表示する>をクリックすると、

4 セル内で文字が折り返され、文字全体が表示されます。

メモ 文字を折り返す

左の手順で操作すると、セルに合わせて文字が自動的に折り返されて表示されます。文字の折り返し位置は、セル幅に応じて自動的に調整されます。折り返した文字列をもとに戻すには、<折り返して全体を表示する>を再度クリックします。

ヒント 行の高さは自動調整される

文字を折り返すと、折り返した文字に合わせて、行の高さが自動的に調整されます。

ステップアップ 指定した位置で文字を折り返す

指定した位置で文字を折り返したい場合は、改行を入力します。セル内をダブルクリックして、折り返したい位置にカーソルを移動し、Alt + Enter を押すと、指定した位置で改行されます。

ステップアップ インデントを設定する

「インデント」とは、文字とセル枠線との間隔を広くする機能のことです。インデントを設定するには、セル範囲を選択して、<ホーム>タブの<インデントを増やす>をクリックします。クリックするごとに、セル内のデータが1文字分ずつ右へ移動します。インデントを解除するには、<インデントを減らす>をクリックします。

インデントを減らす　インデントを増やす

Section 55 文字のスタイルを変更する

覚えておきたいキーワード
- ☑ 太字
- ☑ 斜体
- ☑ フォント

文字を太字や斜体にすると、特定の文字を目立たせることができ、表にメリハリが付きます。文字にさまざまなスタイルを設定するには、＜ホーム＞タブの＜フォント＞グループの各コマンドを利用します。

1 文字を太字にする

ヒント 太字を解除するには？

太字の設定を解除するには、セルをクリックして、＜ホーム＞タブの＜太字＞ B を再度クリックします。

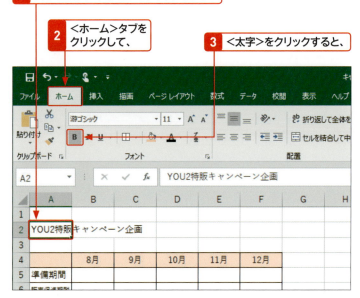

1 文字を太字にするセルをクリックします。
2 ＜ホーム＞タブをクリックして、
3 ＜太字＞をクリックすると、
4 文字が太字に設定されます。
5 同様にこれらの文字も太字に設定します。

ヒント 文字の一部分に書式を設定するには？

セルを編集できる状態にして、文字の一部分を選択してから書式を設定すると、選択した部分の文字だけに書式を設定することができます。

文字の一部分を選択します。

2 文字を斜体にする

1 文字を斜体にするセル範囲を選択します。

2 <ホーム>タブをクリックして、

3 <斜体>をクリックすると、

4 文字が斜体に設定されます。

ヒント 斜体を解除するには

斜体の設定を解除するには、セルをクリックし、<ホーム>タブの<斜体> I を再度クリックします。

ステップアップ 文字のスタイルを変更する

文字を太字や斜体にしたり、下線を付けたりするには、<ホーム>タブのコマンドを利用するほかに、<セルの書式設定>ダイアログボックスの<フォント>で設定することもできます。このダイアログボックスを利用すると、これらの書式をまとめて設定することができます。

ステップアップ 高度な書式を設定する

右下の をクリックすると、上付き文字など、高度な書式を設定することもできます。

Section 56

フォントサイズやフォントを変更する

覚えておきたいキーワード
☑ フォント
☑ フォントサイズ
☑ ミニツールバー

フォントサイズやフォントは、任意に変更することが可能です。表のタイトルや項目などを目立たせたり、重要な箇所を強調したりすることができます。フォントサイズやフォントの種類を変更するには、＜ホーム＞タブの＜フォントサイズ＞と＜フォント＞を利用します。

1 フォントサイズを変更する

メモ Excelの既定のフォント

Excelの既定のフォントは「游ゴシック」、スタイルは「標準」、サイズは「11」ポイントです。なお、「1pt」は1/72インチで、およそ0.35mmです。

1 フォントサイズを変更するセルをクリックします。

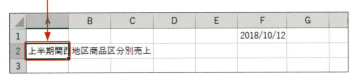

2 ＜ホーム＞タブをクリックして、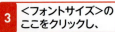

3 ＜フォントサイズ＞のここをクリックし、

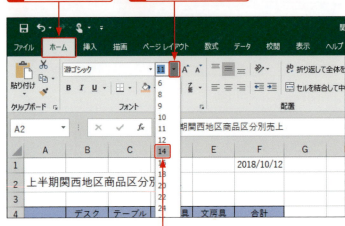

4 フォントサイズにマウスポインターを合わせると、フォントサイズが一時的に適用されて表示されます。

5 フォントサイズをクリックすると、フォントサイズの適用が確定されます。

ステップアップ フォントサイズを直接入力する

フォントサイズの数値を直接入力して設定することもできます。この場合、一覧には表示されない「9.5pt」や「96pt」といったフォントサイズを指定することも可能です。

2 フォントの種類を変更する

1 フォントを変更するセルをクリックします。

2 <ホーム>タブをクリックして、
3 <フォント>のここをクリックし、

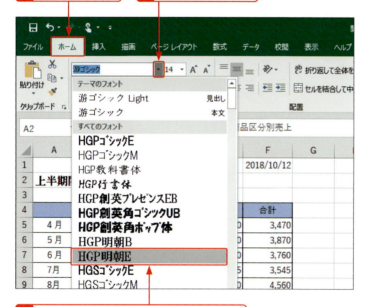

4 フォントにマウスポインターを合わせると、フォントが一時的に適用されて表示されます。

5 フォントをクリックすると、フォントの適用が確定されます。

ヒント ミニツールバーを使う

フォントサイズやフォントは、セルを右クリックすると表示されるミニツールバーから変更することもできます。

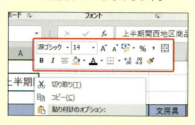

ヒント 一部の文字だけを変更するには？

セルを編集できる状態にして、文字の一部分を選択すると、選択した部分のフォントやフォントサイズだけを変更することができます。

文字の一部分を選択します。

ステップアップ 文字の書式をまとめて変更する

<ホーム>タブの<フォント>グループの 🔲 をクリックすると表示される<セルの書式設定>ダイアログボックスの<フォント>を利用すると、フォントやフォントサイズ、文字のスタイルや色などをまとめて変更することができます。

161

Section 57 文字やセルに色を付ける

覚えておきたいキーワード
- ☑ フォントの色
- ☑ 塗りつぶしの色
- ☑ セルのスタイル

文字やセルの背景に色を付けると、見やすい表になります。文字に色を付けるには、＜ホーム＞タブの＜フォントの色＞を、セルに背景色を付けるには、＜塗りつぶしの色＞を利用します。Excelにあらかじめ用意された＜セルのスタイル＞を利用することもできます。

1 文字に色を付ける

メモ 同じ色を繰り返し設定する

右の手順で色を設定すると、＜フォントの色＞コマンドの色も指定した色に変わります。別のセルをクリックして、＜フォントの色＞ A をクリックすると、直前に指定した色を繰り返し設定することができます。

ヒント 一覧に目的の色がない場合は？

手順3で表示される一覧に目的の色がない場合は、最下段にある＜その他の色＞をクリックします。＜色の設定＞ダイアログボックスが表示されるので、＜標準＞や＜ユーザー設定＞で使用したい色を指定します。

1 文字色を付けるセルをクリックします。

2 ＜ホーム＞タブをクリックして、

3 ＜フォントの色＞のここをクリックし、

4 目的の色にマウスポインターを合わせると、色が一時的に適用されて表示されます。

5 文字色をクリックすると、文字の色が変更されます。

2 セルに色を付ける

1 色を付けるセル範囲を選択します。

2 <ホーム>タブをクリックして、

3 <塗りつぶしの色>のここをクリックし、

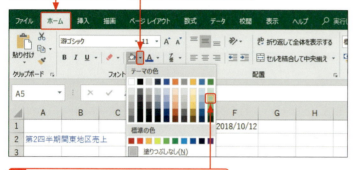

4 目的の色にマウスポインターを合わせると、色が一時的に適用されて表示されます。

5 色をクリックすると、セルの背景に色が付きます。

ヒント　テーマの色と標準の色

色の一覧には<テーマの色>と<標準の色>の2種類が用意されています。<テーマの色>で設定する色は、<ページレイアウト>タブの<テーマ>の設定に基づいています。<テーマ>でスタイルを変更すると、<テーマの色>で設定した色を含めてブック全体が自動的に変更されます。それに対し、<標準の色>で設定した色は、<テーマ>の変更に影響を受けません。

ヒント　セルの背景色を消去するには？

セルの背景色を消すには、手順**4**で<塗りつぶしなし>をクリックします。

ステップアップ　<セルのスタイル>を利用する

<ホーム>タブの<セルのスタイル>を利用すると、Excelにあらかじめ用意された書式をタイトルに設定したり、セルにテーマのセルスタイルを設定したりすることができます。

ここでスタイルを設定できます。

Section 58 罫線を引く

覚えておきたいキーワード
- 罫線
- 格子
- 線のスタイル

ワークシートに必要なデータを入力したら、表が見やすいように罫線を引きます。セル範囲に罫線を引くには、＜ホーム＞タブの＜罫線＞を利用すると便利です。罫線のメニューには、13パターンの罫線の種類が用意されているので、セル範囲を選択するだけで目的の罫線をかんたんに引くことができます。

1 選択した範囲に罫線を引く

メモ　選択した範囲に罫線を引く

手順3で表示される罫線メニューの＜罫線＞欄には、13パターンの罫線の種類が用意されています。右の手順では、表全体に罫線を引きましたが、一部のセルだけに罫線を引くこともできます。はじめに罫線を引きたい位置のセル範囲を選択して、罫線の種類をクリックします。

1 罫線を引くセル範囲を選択して、
2 ＜ホーム＞タブをクリックします。
3 ここをクリックして、
4 罫線の種類をクリックすると（ここでは＜格子＞）、

5 選択したセル範囲に格子の罫線が引かれます。

ヒント　罫線を削除するには？

罫線を削除するには、罫線を消去したいセル範囲を選択して罫線メニューを表示し、手順4で＜枠なし＞をクリックします。

2 太線で罫線を引く

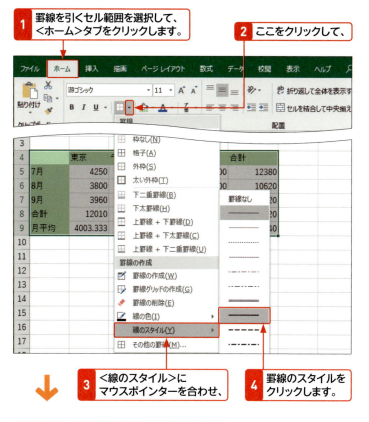

メモ 直前の線のスタイルや色が適用される

線のスタイルや色を選択して罫線を引くと、これ以降、ほかのスタイルを選択するまで、ここで指定したスタイルや色で罫線が引かれます。次回罫線を引く際は、確認してから引くようにしましょう。

ヒント データを入力できる状態に戻すには？

罫線メニューの<罫線の作成>欄のいずれかのコマンドをクリックすると、マウスポインターの形が鉛筆の形に変わり、セルにデータを入力することができません。データを入力できる状態にマウスポインターを戻すには、Escを押します。

Section 59 列幅や行の高さを調整する

覚えておきたいキーワード
- ☑ 列の幅
- ☑ 行の高さ
- ☑ 列幅の自動調整

数値や文字がセルに収まりきらない場合や、表の体裁を整えたい場合は、列幅や行の高さを変更します。列幅や行の高さは、列番号や行番号の境界をマウスでドラッグしたり、数値で指定したりして変更します。また、セルのデータに合わせて列の幅を調整することもできます。

1 ドラッグして列幅を変更する

メモ　ドラッグ操作による列幅や行の高さの変更

列番号や行番号の境界にマウスポインターを合わせ、ポインターの形が ↔ や ↕ に変わった状態でドラッグすると、列の幅や行の高さを変更できます。
列の幅を変更する場合は目的の列番号の右側に、行の高さを変更する場合は目的の行番号の下側に、マウスポインターを合わせます。

1 幅を変更する列番号の境界にマウスポインターを合わせ、ポインターの形が ↔ に変わった状態で、

2 右方向にドラッグすると、

ヒント　列幅や行の高さの表示単位

変更中の列幅や行の高さは、マウスポインターの右上に数値で表示されます（手順**2**の図参照）。列幅は、Excelの既定のフォント（11ポイント）で入力できる半角文字の「文字数」で、行の高さは、入力できる文字の「ポイント数」で表されます。カッコの中にはピクセル数が表示されます。

3 列幅が変更されます。

2 セルのデータに列の幅を合わせる

1 幅を変更する列番号の境界にマウスポインターを合わせ、形が ✥ に変わった状態で、

2 ダブルクリックすると、

3 セルのデータに合わせて、列幅が変更されます。

対象となる列内のセルで、もっとも長いデータに合わせて列幅が自動的に調整されます。

ヒント 複数の行や列を同時に変更するには？

複数の行または列を選択した状態で境界をドラッグするか、＜行の高さ＞ダイアログボックスまたは＜列の幅＞ダイアログボックス（下の「ステップアップ」参照）を表示して数値を入力すると、複数の行の高さや列幅を同時に変更できます。

複数の列を選択して境界をドラッグすると、列幅を同時に変更できます。

ステップアップ 列幅や行の高さを数値で指定する

列幅や行の高さは、数値で指定して変更することもできます。
列幅は、調整したい列をクリックして、＜ホーム＞タブの＜セル＞グループの＜書式＞から＜列の幅＞をクリックして表示される＜列の幅＞ダイアログボックスで指定します。行の高さは、同様の方法で＜行の高さ＞をクリックして表示される＜行の高さ＞ダイアログボックスで指定します。

＜列の幅＞ダイアログボックス

文字数を指定します。

＜行の高さ＞ダイアログボックス

ポイント数を指定します。

Section 60 セルを結合する

覚えておきたいキーワード
- ☑ セルの結合
- ☑ セルを結合して中央揃え
- ☑ セル結合の解除

隣り合う複数のセルは、結合して1つのセルとして扱うことができます。結合したセル内の文字は、通常のセルと同じように任意に配置できるので、複数のセルにまたがる見出しなどに利用すると、表の体裁を整えることができます。同じ行のセルどうしを一気に結合することも可能です。

1 セルを結合して文字を中央に揃える

メモ セルの位置

セルの位置は、列番号と行番号を組み合わせて表します。手順1のセル[B3]は、列番号[B]と行番号[3]の交差するセルの位置を、セル[E3]は、列番号[E]と行番号[3]の交差するセルの位置を表します。「セル参照」ともいいます。

1 セル[B3]から[E3]までを選択します。
2 <ホーム>タブをクリックして、
3 <セルを結合して中央揃え>をクリックすると、

4 セルが結合され、文字の配置が自動的に中央揃えになります。
5 これらのセルも同様に結合します。

ヒント 結合するセルにデータがある場合は？

結合するセルの選択範囲に複数のデータが存在する場合は、左上端のセルのデータのみが保持されます。ただし、空白のセルは無視されます。

2 文字を左揃えのままセルを結合する

 メモ　文字配置を維持したままセルを結合する

＜ホーム＞タブの＜セルを結合して中央揃え＞をクリックすると、セルに入力されていた文字が中央に配置されます。セルを結合したときに、文字配置を維持したい場合は、左の手順で操作します。

ヒント　セルの結合を解除するには

セルの結合を解除するには、結合されたセルを選択して、＜セルを結合して中央揃え＞をクリックするか、下の手順で操作します。

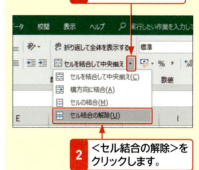

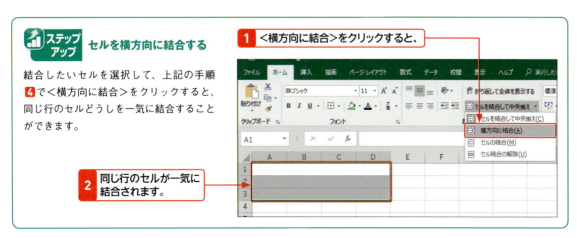

ステップアップ　セルを横方向に結合する

結合したいセルを選択して、上記の手順4で＜横方向に結合＞をクリックすると、同じ行のセルどうしを一気に結合することができます。

169

Section 61 セルの書式をコピーする

覚えておきたいキーワード
- ☑ 書式のコピー
- ☑ 書式の貼り付け
- ☑ 書式の連続貼り付け

セルに設定した罫線や色、配置などの書式を、別のセルに繰り返し設定するのは手間がかかります。このようなときは、もとになる表の書式をコピーして貼り付けることで、同じ形式の表をかんたんに作成することができます。書式は連続して貼り付けることもできます。

1 書式をコピーして貼り付ける

メモ 書式のコピー

書式のコピー機能を利用すると、書式だけをコピーして別のセルに貼り付けることができます。同じ書式を何度も設定したい場合に利用すると便利です。

ヒント 書式をコピーするそのほかの方法

書式のみをコピーするには、右の手順のほかに、＜貼り付け＞の下部をクリックすると表示される＜その他の貼り付けオプション＞の＜書式設定＞を利用する方法もあります（Sec.62参照）。

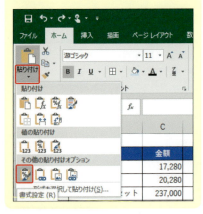

セルに設定している背景色と文字色、文字配置をコピーします。

1 書式をコピーするセルをクリックして、
2 ＜ホーム＞タブをクリックし、
3 ＜書式のコピー／貼り付け＞をクリックします。

4 貼り付ける位置でクリックすると、

5 書式だけが貼り付けられます。

第6章 文字とセルの書式設定

170

2 書式を連続して貼り付ける

セルに設定している背景色を連続してコピーします。

1 書式をコピーするセル範囲を選択して、

2 <ホーム>タブをクリックし、

3 <書式のコピー/貼り付け>をダブルクリックします。

4 貼り付ける位置でクリックすると、

5 書式だけが貼り付けられます。

6 マウスポインターの形が ✥₳ のままなので、

7 続けて書式を貼り付けることができます。

メモ 書式の連続貼り付け

書式を連続して貼り付けるには、<書式のコピー/貼り付け> をダブルクリックし、左の手順に従います。<書式のコピー/貼り付け>では、次の書式がコピーできます。

① 表示形式
② 文字の配置、折り返し、セルの結合
③ フォント
④ 罫線の設定
⑤ 文字の色やセルの背景色
⑥ 文字サイズ、スタイル、文字飾り

ヒント 書式の連続貼り付けを中止するには?

書式の連続貼り付けを中止して、マウスポインターをもとに戻すには、Esc を押すか、<書式のコピー/貼り付け> を再度クリックします。

Section 62 値や数式のみ貼り付ける

覚えておきたいキーワード
- ☑ 貼り付け
- ☑ 貼り付けのオプション
- ☑ 形式を選択して貼り付け

計算式の結果だけをコピーしたい、表の列幅を保持してコピーしたい、表の縦と横を入れ替えたい、といったことはよくあります。この場合は、<貼り付け>のオプションを利用すると値だけ、数式だけ、書式設定だけといった個別の貼り付けが可能となります。

1 貼り付けのオプション

<貼り付け>の下部をクリックすると表示されるメニューを利用すると、コピーしたデータをさまざまな形式で貼り付けることができます。それぞれのアイコンにマウスポインターを合わせると、適用した状態がプレビューされるので、結果をすぐに確認できます。

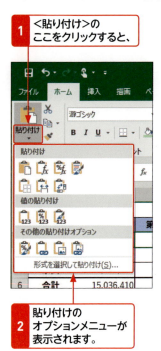

1 <貼り付け>のここをクリックすると、
2 貼り付けのオプションメニューが表示されます。

グループ	アイコン	項目	概要
貼り付け		貼り付け	セルのデータすべてを貼り付けます。
		数式	セルの数式だけを貼り付けます。
		数式と数値の書式	セルの数式と数値の書式を貼り付けます。
		元の書式を保持	もとの書式を保持して貼り付けます。
		罫線なし	罫線を除く、書式や値を貼り付けます。
		元の列幅を保持	もとの列幅を保持して貼り付けます。
		行列を入れ替える	行と列を入れ替えてすべてのデータを貼り付けます。
値の貼り付け		値	セルの値だけを貼り付けます。
		値と数値の書式	セルの値と数値の書式を貼り付けます。
		値と元の書式	セルの値ともとの書式を貼り付けます。
その他の貼り付けオプション		書式設定	セルの書式のみを貼り付けます。
		リンク貼り付け	もとのデータを参照して貼り付けます。
		図	もとのデータを図として貼り付けます。
		リンクされた図	もとのデータをリンクされた図として貼り付けます。
形式を選択して貼り付け	形式を選択して貼り付け(S)...		<形式を選択して貼り付け>ダイアログボックスが表示されます。

第6章 文字とセルの書式設定

2 値のみを貼り付ける

1 コピーするセル範囲を選択して、

2 <ホーム>タブをクリックし、

3 <コピー>をクリックします。

コピーするセルには、数式と通貨形式が設定されています。

4 別シートの貼り付け先のセル[C3]をクリックして、

5 <ホーム>タブをクリックします。

6 <貼り付け>のここをクリックして、

7 <値>をクリックすると、

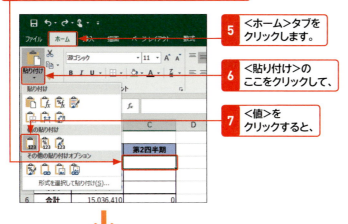

8 数式と数値の書式が取り除かれて、値だけが貼り付けられます。

<貼り付けのオプション>が表示されます(右の「ヒント」参照)。

メモ 値の貼り付け

<貼り付け>のメニューを利用すると、必要なものだけを貼り付ける、といったことがかんたんにできます。ここでは「値だけの貼り付け」を行います。貼り付ける形式を<値>にすると、数式や数値の書式が設定されているセルをコピーした場合でも、表示されている計算結果の数値や文字だけを貼り付けることができます。

メモ ほかのブックへの値の貼り付け

セル参照を利用している数式の計算結果をコピーし、別のワークシートに貼り付けると、正しい結果が表示されません。これは、セル参照が貼り付け先のワークシートのセルに変更されて、正しい計算が行えないためです。このような場合は、値だけを貼り付けると、計算結果だけを利用できます。なお、シートの切り替え方法は、Sec.52を参照してください。

ヒント <貼り付けのオプション>の利用

貼り付けたあと、その結果の右下に<貼り付けのオプション>(Ctrl)が表示されます。これをクリックすると、貼り付けたあとで結果を手直しするためのメニューが表示されます。メニューの内容は、前ページの貼り付けのオプションメニューと同じものです。

Section 63 条件に基づいて書式を変更する

覚えておきたいキーワード
☑ 条件付き書式
☑ 強調表示
☑ 相対評価

条件を指定して、条件に一致するセルの背景色を変えたり、数値に色を付けたりして、特定のセルを目立たせて表示するには、条件付き書式を設定します。条件付き書式とは、指定した条件に基づいてセルを強調表示したり、データを相対的に評価したりして、視覚化する機能です。

1 条件付き書式とは？

条件付き書式とは、指定した条件に基づいてセルを強調表示したり、データを相対的に評価したりして、視覚化する機能です。条件付き書式を利用すると、条件に一致するセルに書式を設定して特定のセルを目立たせたり、データを相対的に評価してデータバーやカラースケール、アイコンを表示させたりすることができます。

	A	B	C	D	E	F
1	第2四半期関西地区売上					
2		京都	大阪	奈良	合計	
3	7月	705,450	445,360	343,500	1,494,310	
4	8月	525,620	579,960	575,080	1,680,660	
5	9月	740,350	525,780	465,200	1,731,330	
6	四半期計	1,971,420	1,551,100	1,383,780	4,906,300	
7						

条件に一致するセルに書式を設定して特定のセルを目立たせます。

	A	B	C	D	E	F
1	第2四半期売上比較					
2		今期	前期	前期比	増減	
3	東京	12,010	12,500	96%	-490	
4	千葉	6,450	5,440	119%	1,010	
5	埼玉	5,960	4,270	140%	1,690	
6	神奈川	9,900	9,950	99%	-50	
7	大阪	9,920	9,010	110%	910	
8	京都	7,020	6,020	117%	1,000	
9	奈良	5,230	3,760	139%	1,470	
10						

データを相対的に評価してデータバーやアイコンなどを表示させます。

	A	B	C	D	E	F
2		今期	前期	前期比	増減	
3	西新宿店	17,840	16,700	1.07	1,140	
4	恵比寿店	9,700	9,750	0.99	-50	
5	目黒店	11,500	10,300	1.12	1,200	
6	北新橋店	12,450	12,750	0.98	-300	
7	西神田店	8,430	7,350	1.15	1,080	
8	飯田橋店	6,160	5,810	1.06	350	

数式を使用して書式を設定することもできます。この例では、前期比が「1.00」より小さい行に背景色を設定しています。

第6章 文字とセルの書式設定

174

Chapter 07

第7章

数式と関数の利用

Section	64	数式と関数の基本を知る
	65	数式を入力する
	66	数式にセル参照を利用する
	67	計算する範囲を変更する
	68	コピー時のセルの参照先について知る（参照方式）
	69	セル番地が変わらないようにコピーする（絶対参照）
	70	行・列が変わらないようにコピーする（複合参照）
	71	計算結果を切り上げ・切り捨てる
	72	関数を入力する

Section 64 数式と関数の基本を知る

覚えておきたいキーワード
- ☑ 関数
- ☑ 引数
- ☑ 戻り値

Excelの数式とは、セルに入力する計算式のことです。数式では、＊、／、＋、－などの算術演算子と呼ばれる記号や、Excelにあらかじめ用意されている関数を利用することができます。数式と関数の記述には基本的なルールがあります。実際に使用する前に、ここで確認しておきましょう。

1 数式とは？

「数式」とは、さまざまな計算をするための計算式のことです。「＝」(等号)と数値データ、算術演算子と呼ばれる記号(＊、／、＋、－など)を入力して結果を求めます。数値を入力するかわりにセルの位置を指定したり、後述する関数を指定して計算することもできます。

数式を入力して計算する

計算結果を表示したいセルに「＝」(等号)を入力し、算術演算子を付けて対象となる数値を入力します。「＝」や数値、算術演算子などは、すべて半角で入力します。

数式にセル参照を利用する

数式の中で数値のかわりにセルの位置を指定することを「セル参照」といいます。セル参照を利用すると、参照先のデータを修正した場合でも計算結果が自動的に更新されます。

2 関数とは？

「関数」とは、特定の計算を行うためにExcelにあらかじめ用意されている機能のことです。計算に必要な「引数」（ひきすう）を指定するだけで、計算結果をかんたんに求めることができます。引数とは、計算や処理に必要な数値やデータのことで、種類や指定方法は関数によって異なります。計算結果として得られる値を「戻り値」（もどりち）と呼びます。

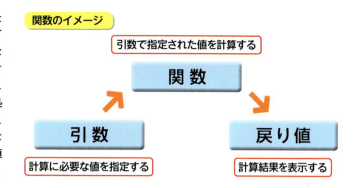

3 関数の書式

関数は、先頭に「＝」（等号）を付けて関数名を入力し、後ろに引数をかっこ「（ ）」で囲んで指定します。引数の数が複数ある場合は、引数と引数の間を「,」（カンマ）で区切ります。引数に連続する範囲を指定する場合は、開始セルと終了セルを「：」（コロン）で区切ります。関数名や「＝」「（」「,」「）」などはすべて半角で入力します。また、数式の中で、数値やセル参照のかわりに関数を指定することもできます。

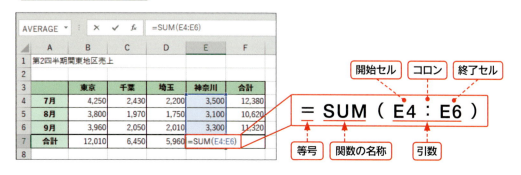

Section 65 数式を入力する

覚えておきたいキーワード
- ☑ 数式
- ☑ 算術演算子
- ☑ ＝

数値を計算するには、計算結果を表示するセルに数式を入力します。数式を入力する方法はいくつかありますが、ここでは、セル内に直接、数値や算術演算子を入力して計算する方法を解説します。結果を表示するセルに「＝」を入力し、対象となる数値と算術演算子を入力します。

1 数式を入力して計算する

メモ 数式の入力

数式の始めには必ず「＝」（等号）を入力します。「＝」を入力することで、そのあとに入力する数値や算術演算子が数式として認識されます。「＝」や数値、算術演算子などは、すべて半角で入力します。

セル[B9]にセル[B6]（合計）とセル[B8]（売上目標）の差額を計算します。

1 数式を入力するセルをクリックして、半角で「＝」を入力します。

	A	B	C	D	E	F
1	第2四半期関東地区売上					
2		東京	千葉	埼玉	神奈川	合計
3	7月	4250	2430	2200	3500	
4	8月	3800	1970	1750	3100	
5	9月	3960	2050	2010	3300	
6	合計	12010	6450	5960	9900	
7	月平均					
8	売上目標	10000	6500	5000	10000	
9	差額	＝				
10	達成率					

キーワード 算術演算子

「算術演算子」とは、数式の中での演算に用いられる記号のことです。算術演算子には下表のようなものがあります。同じ数式内に複数の種類の算術演算子がある場合は、優先順位の高いほうから計算が行われます。
なお、「べき乗」とは、ある数を何回かかけ合わせることです。たとえば、2を3回かけ合わせることは2の3乗といい、Excelでは2^3と記述します。

2 「12010」と入力して、

	A	B	C	D	E	F
1	第2四半期関東地区売上					
2		東京	千葉	埼玉	神奈川	合計
3	7月	4250	2430	2200	3500	
4	8月	3800	1970	1750	3100	
5	9月	3960	2050	2010	3300	
6	合計	12010	6450	5960	9900	
7	月平均					
8	売上目標	10000	6500	5000	10000	
9	差額	＝12010				
10	達成率					

記号	処理	優先順位
%	パーセンテージ	1
^	べき乗	2
*、/	かけ算、割り算	3
+、−	足し算、引き算	4

3 半角で「−」(マイナス)を入力し、

	A	B	C	D	E	F
	AVERAGE	× ✓ fx	=12010-			
1	第2四半期関東地区売上					
2		東京	千葉	埼玉	神奈川	合計
3	7月	4250	2430	2200	3500	
4	8月	3800	1970	1750	3100	
5	9月	3960	2050	2010	3300	
6	合計	12010	6450	5960	9900	
7	月平均					
8	売上目標	10000	6500	5000	10000	
9	差額	=12010-				
10	達成率					
11						

ステップアップ 数式を数式バーに入力する

数式は、数式バーに入力することもできます。数式を入力したいセルをクリックしてから、数式バーをクリックして入力します。数式が長くなる場合は、数式バーを利用したほうが入力しやすいでしょう。

	A	B	C	D
	AVERAGE	× ✓ fx	=12010-10000	
1	第2四半期関東地区売上			
2		東京	千葉	埼玉	神
3	7月	4250	2430	2200
4	8月	3800	1970	1750
5	9月	3960	2050	2010
6	合計	12010	6450	5960
7	月平均			
8	売上目標	10000	6500	5000
9	差額	=12010-10		
10	達成率			
11				

数式は、数式バーに入力することもできます。

4 「10000」と入力します。　　5 Enter を押すと、

	A	B	C	D	E	F
	AVERAGE	× ✓ fx	=12010-10000			
1	第2四半期関東地区売上					
2		東京	千葉	埼玉	神奈川	合計
3	7月	4250	2430	2200	3500	
4	8月	3800	1970	1750	3100	
5	9月	3960	2050	2010	3300	
6	合計	12010	6450	5960	9900	
7	月平均					
8	売上目標	10000	6500	5000	10000	
9	差額	=12010-10000				
10	達成率					
11						

6 計算結果が表示されます。

	A	B	C	D	E	F
	B10	× ✓ fx				
1	第2四半期関東地区売上					
2		東京	千葉	埼玉	神奈川	合計
3	7月	4250	2430	2200	3500	
4	8月	3800	1970	1750	3100	
5	9月	3960	2050	2010	3300	
6	合計	12010	6450	5960	9900	
7	月平均					
8	売上目標	10000	6500	5000	10000	
9	差額	2010				
10	達成率					
11						

179

Section 66 数式にセル参照を利用する

覚えておきたいキーワード
- ☑ セル参照
- ☑ セルの位置
- ☑ カラーリファレンス

数式は、セル内に直接数値を入力するかわりに、セルの位置を指定して計算することができます。数値のかわりにセルの位置を指定することをセル参照といいます。セル参照を利用すると、参照先の数値を修正した場合でも計算結果が自動的に更新されます。

1 セル参照を利用して計算する

キーワード セル参照

「セル参照」とは、数式の中で数値のかわりにセルの位置を指定することをいいます。セル参照を使うと、そのセルに入力されている値を使って計算することができます。

セル [C9] にセル [C6] (合計) とセル [C8] (売上目標) の差額を計算します。

1 計算するセルをクリックして、半角で「=」を入力します。

	A	B	C	D	E	F	G
1	第2四半期関東地区売上						
2		東京	千葉	埼玉	神奈川	合計	
3	7月	4250	2430	2200	3500		
4	8月	3800	1970	1750	3100		
5	9月	3960	2050	2010	3300		
6	合計	12010	6450	5960	9900		
7	月平均						
8	売上目標	10000	6500	5000	10000		
9	差額	2010	=				
10	達成率						
11							

2 参照するセルをクリックすると、

3 クリックしたセルの位置が入力されます。

C6 / =C6

	A	B	C	D	E	F	G
1	第2四半期関東地区売上						
2		東京	千葉	埼玉	神奈川	合計	
3	7月	4250	2430	2200	3500		
4	8月	3800	1970	1750	3100		
5	9月	3960	2050	2010	3300		
6	合計	12010	6450	5960	9900		
7	月平均						
8	売上目標	10000	6500	5000	10000		
9	差額	2010	=C6				
10	達成率						
11							

ヒント カラーリファレンス

セル参照を利用すると、数式内のセルの位置とそれに対応するセル範囲に同じ色が付きます。これを「カラーリファレンス」といい、対応関係がひとめで確認できます (Sec.67参照)。

第7章 数式と関数の利用

4 「-」（マイナス）を入力して、

5 参照するセルをクリックし、

6 Enterを押すと、

7 計算結果が表示されます。

8 同様にセル参照を使って、セル [B10] に
数式「=B6/B8」を入力し、達成率を計算します。

ヒント　数式の入力を取り消すには？

数式の入力を途中で取り消したい場合は、Escを押します。

Section 67 計算する範囲を変更する

覚えておきたいキーワード
- ☑ カラーリファレンス
- ☑ 数式の参照範囲
- ☑ 参照範囲の変更

数式内のセルの位置に対応するセル範囲はカラーリファレンスで囲まれて表示されるので、対応関係をひとめで確認できます。数式の中で複数のセル範囲を参照している場合は、それぞれのセル範囲が異なる色で表示されます。この枠をドラッグすると、参照先や範囲をかんたんに変更することができます。

1 参照先のセル範囲を広げる

キーワード カラーリファレンス

「カラーリファレンス」とは、数式内のセルの位置とそれに対応するセル範囲に色を付けて、対応関係を示す機能です。セルの位置とセル範囲の色が同じ場合、それらが対応関係にあることを示しています。

1. 数式が入力されているセルをダブルクリックすると、

2. 数式が参照しているセル範囲が色付きの枠(カラーリファレンス)で囲まれて表示されます。

ヒント 参照先はどの方向にも広げられる

カラーリファレンスには、四隅にハンドルが表示されます。ハンドルにマウスポインターを合わせて、水平、垂直方向にドラッグすると、参照先をどの方向にも広げることができます。

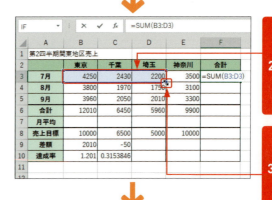

3. 枠のハンドルにマウスポインターを合わせ、ポインターの形が変わった状態で、

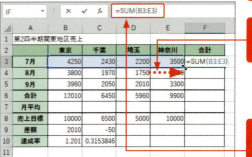

4. セル[E3]までドラッグすると、

5. 参照するセル範囲が変更されます。

2 参照先のセル範囲を移動する

1 数式が入力されているセルをダブルクリックすると、

	A	B	C	D	E	F	G
1	第2四半期関東地区売上						
2		東京	千葉	埼玉	神奈川	合計	
3	7月	4250	2430	2200	3500	12380	
4	8月	3800	1970	1750	3100		
5	9月	3960	2050	2010	3300		
6	合計	12010	6450	5960	9900		
7	月平均						
8	売上目標	10000	6500	5000	10000		
9	差額	2010	-50				
10	達成率	1.201	0.3153846				

セル C10 =C5/C8

2 数式が参照しているセル範囲が色付きの枠（カラーリファレンス）で囲まれて表示されます。

	A	B	C	D	E	F	G
1	第2四半期関東地区売上						
2		東京	千葉	埼玉	神奈川	合計	
3	7月	4250	2430	2200	3500	12380	
4	8月	3800	1970	1750	3100		
5	9月	3960	2050	2010	3300		
6	合計	12010	6450	5960	9900		
7	月平均						
8	売上目標	10000	6500	5000	10000		
9	差額	2010	-50				
10	達成率	1.201	=C5/C8				

3 枠にマウスポインターを合わせると、ポインターの形が変わります。

4 そのまま、セル[C6]まで枠をドラッグします。

5 枠を移動すると、数式のセルの位置も変更されます。

	A	B	C	D	E	F	G
1	第2四半期関東地区売上						
2		東京	千葉	埼玉	神奈川	合計	
3	7月	4250	2430	2200	3500	12380	
4	8月	3800	1970	1750	3100		
5	9月	3960	2050	2010	3300		
6	合計	12010	6450	5960	9900		
7	月平均						
8	売上目標	10000	6500	5000	10000		
9	差額	2010	-50				
10	達成率	1.201	=C6/C8				

メモ 参照先を移動する

色付きの枠（カラーリファレンス）にマウスポインターを合わせると、ポインターの形が に変わります。この状態で色付きの枠をほかの場所へドラッグすると、参照先を移動することができます。

メモ 数式の中に複数のセル参照がある場合

1つの数式の中で複数のセル範囲を参照している場合、数式内のセルの位置はそれぞれが異なる色で表示され、対応するセル範囲も同じ色で表示されます。これにより、目的のセル参照を修正するにはどこを変更すればよいのかが、枠の色で判断できます。

ステップアップ カラーリファレンスを利用しない場合

カラーリファレンスを利用せずに参照先を変更するには、数式バーまたはセルで直接数式を編集します（Sec.65参照）。

Section 68 コピー時のセルの参照先について知る（参照方式）

覚えておきたいキーワード
- ☑ 相対参照
- ☑ 絶対参照
- ☑ 複合参照

数式が入力されたセルをコピーすると、もとの数式の位置関係に応じて、参照先のセルも相対的に変化します。セルの参照方式には、相対参照、絶対参照、複合参照があり、目的に応じて使い分けることができます。ここでは、3種類の参照方式の違いと、参照方式の切り替え方法を確認しておきましょう。

1 相対参照・絶対参照・複合参照の違い

キーワード　参照方式

「参照方式」とは、セル参照の方式のことで、3種類の参照方式があります。数式をほかのセルへコピーする際は、参照方式によって、コピー後の参照先が異なります。

キーワード　相対参照

「相対参照」とは、数式が入力されているセルを基点として、ほかのセルの位置を相対的な位置関係で指定する参照方式のことです。数式が入力されたセルをコピーすると、自動的にセル参照が変更されます。

キーワード　絶対参照

「絶対参照」とは、参照するセルの位置を固定する参照方式のことです。数式をコピーしても、参照するセルの位置は変更されません。絶対参照では、行番号と列番号の前に、それぞれ半角の「$」（ドル）を入力します。

相対参照

数式「=B3/C3」が入力されています。

数式をコピーすると、参照先が自動的に変更されます。

=B4/C4
=B5/C5

絶対参照

数式「=B3/$B$6」が入力されています。

数式をコピーすると、「$」が付いた参照先は[B6]のまま固定されます。

=B4/$B$6
=B5/$B$6

複合参照

数式「=$B5*C$2」が入力されています。

数式をコピーすると、参照列と参照行だけが固定されます。

=$B7*C$2

=$B7*D$2

キーワード 複合参照

「複合参照」とは、相対参照と絶対参照を組み合わせた参照方式のことです。「列が相対参照、行が絶対参照」「列が絶対参照、行が相対参照」の2種類があります。

2 参照方式を切り替える

数式の入力されたセル [B2] の参照方式を切り替えます。

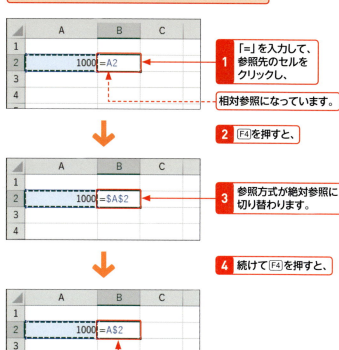

1 「=」を入力して、参照先のセルをクリックし、

相対参照になっています。

2 F4 を押すと、

3 参照方式が絶対参照に切り替わります。

4 続けて F4 を押すと、

5 参照方式が「列が相対参照、行が絶対参照」の複合参照に切り替わります。

ヒント あとから参照方式を変更するには？

入力を確定してしまったセルの位置の参照方式を変更するには、目的のセルをダブルクリックしてから、変更したいセルの位置をドラッグして選択し、F4 を押します。

メモ 参照方式の切り替え

参照方式の切り替えは、F4 を使ってかんたんに行うことができます。下図のように F4 を押すごとに参照方式が切り替わります。

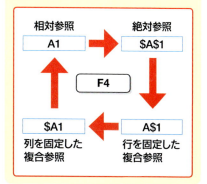

Section 69 セル番地が変わらないようにコピーする（絶対参照）

覚えておきたいキーワード
- ☑ 相対参照
- ☑ 絶対参照
- ☑ 参照先セルの固定

Excelの初期設定では相対参照が使用されているので、セル参照で入力された数式をコピーすると、コピー先のセルの位置に合わせて参照先のセルが自動的に変更されます。特定のセルを常に参照させたい場合は、絶対参照を利用します。絶対参照に指定したセルは、コピーしても参照先が変わりません。

1 数式を相対参照でコピーした場合

ヒント　数式を複数のセルにコピーする

複数のセルに数式をコピーするには、オートフィルを使います。数式が入力されているセルをクリックし、フィルハンドル（セルの右下隅にあるグリーンの四角形）をコピー先までドラッグします。

メモ　相対参照の利用

右の手順で割引額のセル［C5］をセル範囲［C6:C9］にコピーすると、相対参照を使用しているために、セル［C2］へのセル参照も自動的に変更されてしまい、計算結果が正しく求められません。

コピー先のセル	コピーされた数式
C6	＝B6＊C3
C7	＝B7＊C4
C8	＝B8＊C5
C9	＝B9＊C6

数式をコピーしても、参照するセルを常に固定したいときは、絶対参照を利用します（次ページ参照）。

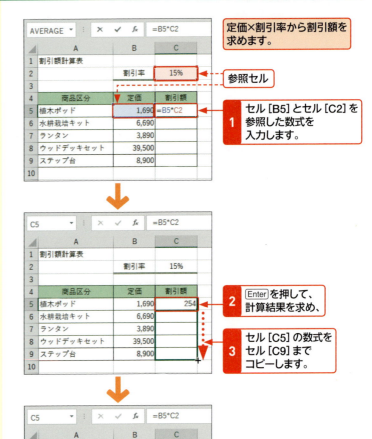

定価×割引率から割引額を求めます。

参照セル

1 セル［B5］とセル［C2］を参照した数式を入力します。

2 Enterを押して、計算結果を求め、

3 セル［C5］の数式をセル［C9］までコピーします。

4 正しい計算結果を求めることができません（左の「メモ」参照）。

2 数式を絶対参照にしてコピーする

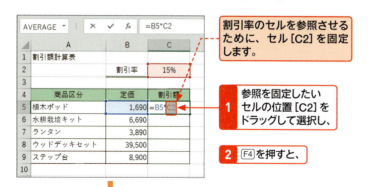

割引率のセルを参照させるために、セル[C2]を固定します。

1 参照を固定したいセルの位置[C2]をドラッグして選択し、

2 F4 を押すと、

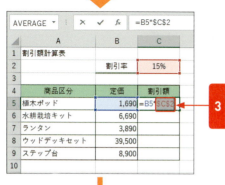

3 セル[C2]が[$C$2]に変わり、絶対参照になります。

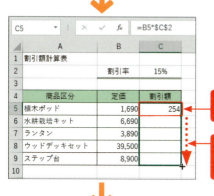

4 Enter を押して、計算結果を求めます。

5 セル[C5]の数式をセル[C9]までコピーすると、

6 正しい計算結果を求めることができます(右下の「メモ」参照)。

メモ エラーを回避する

相対参照によって生じるエラーを回避するには、参照先のセルの位置を固定します。これを「絶対参照」と呼びます。数式が参照するセルを固定したい場合は、行と列の番号の前に「$」(ドル)を入力します。F4 を押すことで、自動的に「$」が入力されます。

メモ 絶対参照の利用

絶対参照を使用している数式をコピーしても、絶対参照で参照しているセルの位置は変更されません。左の手順では、参照を固定したい割引率のセル[C2]を絶対参照に変更しているので、セル[C5]の数式をセル範囲[C6:C9]にコピーしても、セル[C2]へのセル参照が保持され、計算が正しく行われます。

コピー先のセル	コピーされた数式
C6	=B6 * $C$2
C7	=B7 * $C$2
C8	=B8 * $C$2
C9	=B9 * $C$2

Section 70 行・列が変わらないようにコピーする（複合参照）

覚えておきたいキーワード
- 複合参照
- 参照列の固定
- 参照行の固定

セル参照が入力されたセルをコピーするときに、行と列のどちらか一方を絶対参照にして、もう一方を相対参照にしたい場合は複合参照を利用します。複合参照は、相対参照と絶対参照を組み合わせた参照方式のことです。列を絶対参照にする場合と、行を絶対参照にする場合があります。

1 複合参照でコピーする

 メモ 複合参照の利用

右のように、列 [B] に「定価」、行 [3] に「割引率」を入力し、それぞれの項目が交差する位置に割引額を求める表を作成する場合、割引率を求める数式は、常に列 [B] と行 [3] のセルを参照する必要があります。このようなときは、列または行のいずれかの参照先を固定する複合参照を利用します。

割引率「10%」と「15%」を定価にかけて、それぞれの割引額を求めます。

1 「=B4」と入力して、F4 を3回押すと、

2 列 [B] が絶対参照、行 [4] が相対参照になります。

	A	B	C	D	E	F
1	割引額計算表					
2	商品区分	定価	割引率			
3			10%	15%		
4	植木ポッド	1,690	=$B4			
5	水耕栽培キット	6,690				
6	ランタン	3,890				
7	ウッドデッキセット	39,500				
8	ステップ台	8,900				
9	ウッドパラソル	12,500				

3 「*C3」と入力して、F4 を2回押すと、

	A	B	C	D	E	F
1	割引額計算表					
2	商品区分	定価	割引率			
3			10%	15%		
4	植木ポッド	1,690	=$B4*C$3			
5	水耕栽培キット	6,690				
6	ランタン	3,890				
7	ウッドデッキセット	39,500				
8	ステップ台	8,900				
9	ウッドパラソル	12,500				

4 列 [C] が相対参照、行 [3] が絶対参照になります。

 メモ 3種類の参照方法を使い分ける

相対参照、絶対参照、複合参照の3つのセル参照の方式を組み合わせて使用すると、複雑な集計表などを効率的に作成することができます。

5 Enterを押して、計算結果を求めます。

メモ 列［C］にコピーされた数式

数式中の［B4］のセルの位置は行方向（縦方向）には固定されていないので、「定価」はコピー先のセルの位置に応じて移動します。他方、［C3］のセルの位置は行方向（縦方向）に固定されているので、「割引率」は移動しません。

コピー先のセル	コピーされた数式
C5	=$B5＊C$3
C6	=$B6＊C$3
C7	=$B7＊C$3
C8	=$B8＊C$3
C9	=$B9＊C$3

6 セル［C4］の数式を、計算するセル範囲にコピーします。

メモ 列［D］にコピーされた数式

数式中の［C3］のセルの位置は列方向（横方向）には固定されていないので、参照されている「割引率」は右に移動します。また、セル［B4］からセル［B9］までのセル位置は列方向（横方向）に固定されているので、参照されている「定価」は変わりません。

コピー先のセル	コピーされた数式
D4	=$B4＊D$3
D5	=$B5＊D$3
D6	=$B6＊D$3
D7	=$B7＊D$3
D8	=$B8＊D$3
D9	=$B9＊D$3

数式を表示して確認する

このセルをダブルクリックして、セルの参照方式を確認します。

参照列だけが固定されています。 =$B9＊D$3 参照行だけが固定されています。

ヒント セルの数式の確認

セルに入力した数式を確認する場合は、セルをダブルクリックするか、セルを選択して F2 を押します。また、＜数式＞タブの＜ワークシート分析＞グループの＜数式の表示＞をクリックすると、セルに入力したすべての数式を一度に確認することができます。

Section 70 行・列が変わらないようにコピーする（複合参照）

第7章 数式と関数の利用

189

Section 71 計算結果を切り上げ・切り捨てる

覚えておきたいキーワード
- ☑ ROUND 関数
- ☑ ROUNDUP 関数
- ☑ ROUNDDOWN 関数

数値を指定した桁数で四捨五入したり、切り上げたり、切り捨てたりする処理は頻繁に行われます。これらの処理は、関数を利用することでかんたんに行うことができます。四捨五入はROUND関数を、切り上げはROUNDUP関数を、切り捨てはROUNDDOWN関数を使います。

1 数値を四捨五入する

🔍 キーワード　ROUND関数

「ROUND関数」は、数値を四捨五入する関数です。引数「数値」には、四捨五入の対象にする数値や数値を入力したセルを指定します。
「桁数」には、四捨五入した結果の小数点以下の桁数を指定します。「0」を指定すると小数点以下第1位で、「1」を指定すると小数点以下第2位で四捨五入されます。1の位で四捨五入する場合は「-1」を指定します。

書式：=ROUND(数値, 桁数)
関数の分類：数学／三角

1 結果を表示するセル（ここでは [C3]）をクリックして、＜数式＞タブの＜数学／三角＞から＜ROUND＞をクリックします。

2 ＜数値＞に、もとデータのあるセルを指定して、

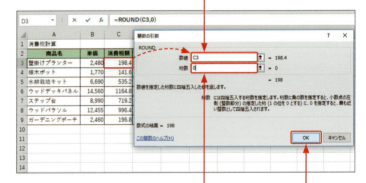

3 ＜桁数＞に小数点以下の桁数（ここでは「0」）を入力します。

4 ＜OK＞をクリックすると、

5 数値が四捨五入されます。

6 ほかのセルに数式をコピーします。

📝 メモ　関数を入力する

関数を入力する方法はいくつかありますが（Sec.72参照）、これ以降では、＜数式＞タブの＜関数ライブラリ＞グループのコマンドを使います。

2 数値を切り上げる

1 結果を表示するセル（ここでは[E3]）をクリックして、＜数式＞タブの＜数学／三角＞から＜ROUNDUP＞をクリックします。

	A	B	C	D	E	F
1	消費税計算					
2	商品名	単価	消費税額	四捨五入	切り上げ	切り捨て
3	壁掛けプランター	2,480	198.4	198	199	
4	植木ポット	1,770	141.6	142	142	
5	水耕栽培キット	6,690	535.2	535	536	
6	ウッドデッキパネル	14,560	1164.8	1165	1165	
7	ステップ台	8,990	719.2	719	720	
8	ウッドパラソル	12,455	996.4	996	997	
9	ガーデニングポーチ	2,460	196.8	197	197	

E3 =ROUNDUP(C3,0)

2 前ページの手順 **2**〜**6** と同様に操作すると、数値が切り上げられます。

キーワード　ROUNDUP関数

「ROUNDUP関数」は、数値を切り上げる関数です。引数「数値」には、切り上げの対象にする数値や数値を入力したセルを指定します。「桁数」には、切り上げた結果の小数点以下の桁数を指定します。「0」を指定すると小数点以下第1位で、「1」を指定すると小数点以下第2位で切り上げられます。1の位で切り上げる場合は「−1」を指定します。

書式：＝ROUNDUP（数値，桁数）
関数の分類：数学／三角

3 数値を切り捨てる

1 結果を表示するセル（ここでは[F3]）をクリックして、＜数式＞タブの＜数学／三角＞から＜ROUNDDOWN＞をクリックします。

	A	B	C	D	E	F
1	消費税計算					
2	商品名	単価	消費税額	四捨五入	切り上げ	切り捨て
3	壁掛けプランター	2,480	198.4	198	199	198
4	植木ポット	1,770	141.6	142	142	141
5	水耕栽培キット	6,690	535.2	535	536	535
6	ウッドデッキパネル	14,560	1164.8	1165	1165	1164
7	ステップ台	8,990	719.2	719	720	719
8	ウッドパラソル	12,455	996.4	996	997	996
9	ガーデニングポーチ	2,460	196.8	197	197	196

F3 =ROUNDDOWN(C3,0)

2 前ページの手順 **2**〜**6** と同様に操作すると、数値が切り捨てられます。

キーワード　ROUNDDOWN関数

「ROUNDDOWN関数」は、数値を切り捨てる関数です。引数「数値」には、切り捨ての対象にする数値や数値を入力したセルを指定します。「桁数」には、切り捨てた結果の小数点以下の桁数を指定します。「0」を指定すると小数点以下第1位で、「1」を指定すると小数点以下第2位で切り捨てられます。1の位で切り捨てる場合は「−1」を指定します。

書式：＝ROUNDDOWN（数値，桁数）
関数の分類：数学／三角

 ステップアップ　INT関数を使って数値を切り捨てる

小数点以下を切り捨てる関数には「INT関数」も用意されています。INT関数は、引数「数値」に指定した値を超えない最大の整数を求める関数です。「桁数」の指定は必要ありませんが、負の数を扱うときは注意が必要です。たとえば、「−12.3」の場合は、小数点以下を切り捨ててしまうと「−12」となり、「−12.3」より値が大きくなるため、結果は「−13」になります。

書式：＝INT（数値）
関数の分類：数学／三角

INT関数には＜桁数＞の指定は必要ありません。

Section 72 関数を入力する

覚えておきたいキーワード
- 関数
- 関数ライブラリ
- 関数の挿入

関数とは、特定の計算を行うためにExcelにあらかじめ用意されている機能のことです。関数を利用すれば、面倒な計算や各種作業をかんたんに効率的に行うことができます。関数の入力には、＜数式＞タブの＜関数ライブラリ＞グループのコマンドや、＜関数の挿入＞コマンドを使用します。

1 関数の入力方法

Excelで関数を入力するには、以下の方法があります。

① ＜数式＞タブの＜関数ライブラリ＞グループの各コマンドを使う。
② ＜数式＞タブや＜数式バー＞の＜関数の挿入＞コマンドを使う。
③ 数式バーやセルに直接関数を入力する。

また、＜関数ライブラリ＞グループの＜最近使った関数＞をクリックすると、最近使用した関数が10個表示されます。そこから関数を入力することもできます。

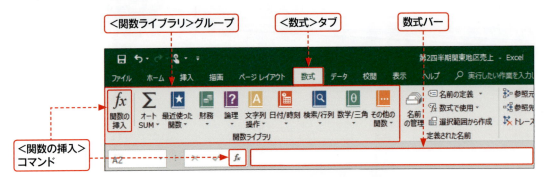

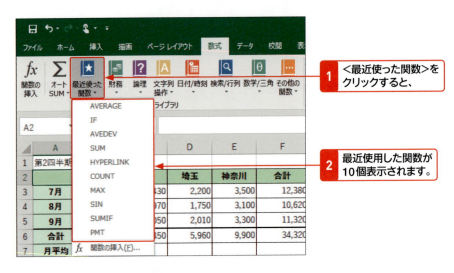

2 ＜関数ライブラリ＞のコマンドを使う

AVERAGE関数を使って月平均を求めます。

1 関数を入力するセルをクリックします。

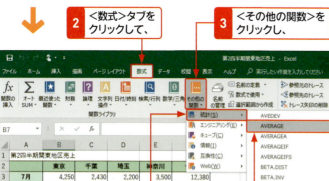

2 ＜数式＞タブをクリックして、

3 ＜その他の関数＞をクリックし、

4 ＜統計＞にマウスポインターを合わせて、

5 ＜AVERAGE＞をクリックします。

6 ＜関数の引数＞ダイアログボックスが表示され、関数が自動的に入力されます。

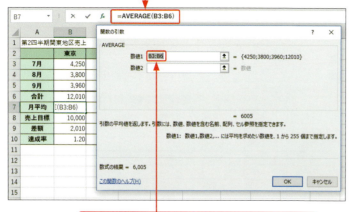

7 合計を計算したセル[B6]が含まれているため、引数を修正します。

メモ ＜関数ライブラリ＞の利用

＜数式＞タブの＜関数ライブラリ＞グループには、関数を選んで入力するためのコマンドが用意されています。コマンドをクリックすると、その分類に含まれている関数が表示され、目的の関数を選択できます。AVERAGE関数は、＜その他の関数＞の＜統計＞に含まれています。

キーワード AVERAGE関数

「AVERAGE関数」は、引数に指定された数値の平均を求める関数です。
書式：＝AVERAGE（数値1，数値2，…）

メモ 引数の指定

関数が入力されたセルの上方向または左方向のセルに数値や数式が入力されていると、それらのセルが自動的に引数として選択されます。手順7では、合計を計算したセル[B6]がセルに含まれているため、引数を修正します。

ヒント　ダイアログボックスが邪魔な場合は？

引数に指定するセル範囲をドラッグする際に、ダイアログボックスが邪魔になる場合は、ダイアログボックスのタイトルバーをドラッグすると移動できます。

8 引数に指定するセル範囲［B3:B5］をドラッグして選択し直します。

セル範囲のドラッグ中は、ダイアログボックスが折りたたまれます。

9 引数が修正されたことを確認して、

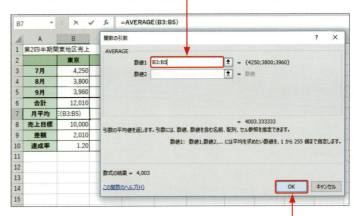

10 ＜OK＞をクリックすると、

11 関数が入力され、計算結果が表示されます。

ヒント　引数をあとから修正するには？

入力した引数をあとから修正するには、引数を編集するセルをクリックして、数式バー左横の＜関数の挿入＞ fx をクリックし、表示される＜関数の引数＞ダイアログボックスで設定し直します。また、数式バーに入力されている式を直接修正することもできます。

3 ＜関数の挿入＞ダイアログボックスを使う

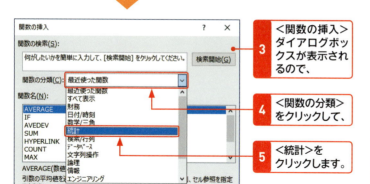

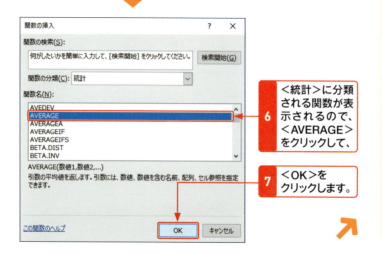

メモ ＜関数の挿入＞ダイアログボックスの利用

＜関数の挿入＞ダイアログボックスでは、＜関数の分類＞と＜関数名＞から入力したい関数を選択します。関数の分類が不明な場合は、＜関数の分類＞で＜すべて表示＞を選択して、一覧から関数名を選択することもできます。

なお、＜関数の挿入＞ダイアログボックスは、＜数式＞タブの＜関数の挿入＞をクリックしても表示されます。

Section 72 関数を入力する

 引数の指定方法

左の手順 8 では、引数に指定するセル範囲をドラッグして指定していますが、＜関数の引数＞ダイアログボックスの＜数値1＞に直接入力することもできます。

 使用したい関数がわからない場合は？

使用したい関数がわからないときは、＜関数の挿入＞ダイアログボックスで、目的の関数を探すことができます。＜関数の検索＞ボックスに、関数を使って何を行いたいのかを簡潔に入力し、＜検索開始＞をクリックすると、条件に該当する関数の候補が＜関数名＞に表示されます。

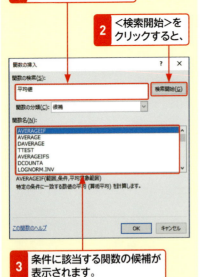

1 関数を使って何を行いたいのかを入力して、
2 ＜検索開始＞をクリックすると、
3 条件に該当する関数の候補が表示されます。

---

8 ＜関数の引数＞ダイアログボックスが表示されるので、セル範囲 [B3:B5] をドラッグして引数を指定します。

9 引数を確認して、

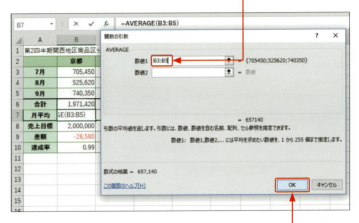

10 ＜OK＞をクリックすると、

11 関数が入力され、計算結果が表示されます。

第7章 数式と関数の利用

196

Chapter 08

第8章

データの操作と グラフ・印刷

Section	73	データを検索する
	74	データを置換する
	75	データを並べ替える
	76	条件に合ったデータを抽出する
	77	グラフを作成する
	78	グラフの位置やサイズを変更する
	79	グラフのレイアウトやデザインを変更する
	80	ワークシートを印刷する
	81	1ページに収まるように印刷する
	82	指定した範囲だけを印刷する
	83	グラフのみを印刷する

Section 73 データを検索する

覚えておきたいキーワード
- 文字列の検索
- 検索範囲
- ワイルドカード文字

データの中から特定の文字を見つけ出したい場合、行や列を一つ一つ探していくのは手間がかかります。この場合は、検索機能を利用すると便利です。検索機能では、文字を検索する範囲や方向など、詳細な条件を設定して検索することができます。また、検索結果を一覧で表示することもできます。

1 <検索と置換>ダイアログボックスを表示する

メモ 検索範囲を指定する

文字の検索では、アクティブセルが検索の開始位置になります。また、あらかじめセル範囲を選択して右の手順で操作すると、選択したセル範囲だけを検索できます。

1 表内のいずれかのセルをクリックします。

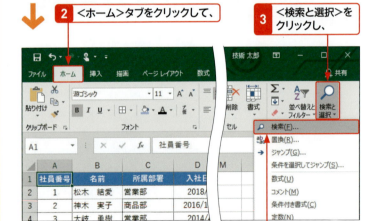

2 <ホーム>タブをクリックして、

3 <検索と選択>をクリックし、

ヒント 検索から置換へ

<検索と置換>ダイアログボックスの<検索>で検索を行ったあとに<置換>に切り替えると、検索結果を利用して文字列の置換を行うことができます（Sec.74参照）。

4 <検索>をクリックすると、

5 <検索と置換>ダイアログボックスの<検索>が表示されます。

ステップアップ ワイルドカード文字の利用

検索文字列には、ワイルドカード文字「*」（任意の長さの任意の文字）と「?」（任意の1文字）を使用できます。たとえば「第一*」と入力すると「第一」や「第一営業部」「第一事業部」などが検索されます。「第?研究室」と入力すると「第一研究室」や「第二研究室」などが検索されます。

2 文字列を検索する

1 検索したい文字を入力し、 **2** <次を検索>をクリックすると、

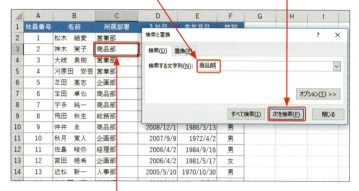

ヒント 検索した文字列が見つからない場合は？

検索した文字列が見つからない場合は、検索の詳細設定（下の「ステップアップ」参照）で検索する条件を設定し直して、再度検索します。

3 文字が検索されます。

4 再度<次を検索>をクリックすると、

5 次の文字が検索されます。

メモ 検索結果を一覧表示する

手順2で<すべて検索>をクリックすると、検索結果がダイアログボックスの下に一覧で表示されます。

 検索の詳細設定

<検索と置換>ダイアログボックスで<オプション>をクリックすると、右図のように検索条件を細かく設定することができます。

- 検索場所をシートかブックで指定します。
- 検索方向を行か列で指定します。
- 検索対象の属性を指定します。
- 検索する文字の書式を指定します。
- 検索する文字の属性を指定します。

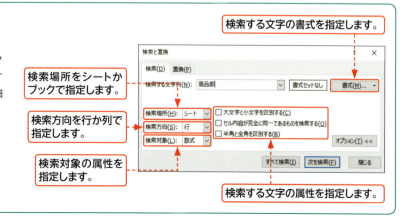

Section 74 データを置換する

覚えておきたいキーワード
- ☑ 文字列の置換
- ☑ 置換範囲
- ☑ 文字列の削除

データの中にある特定の文字だけを別の文字に置き換えたい場合、一つ一つ見つけて修正するのは手間がかかります。この場合は、置換機能を利用すると便利です。置換機能を利用すると、検索条件に一致するデータを個別に置き換えたり、すべてのデータをまとめて置き換えたりすることができます。

1 ＜検索と置換＞ダイアログボックスを表示する

メモ 置換範囲を指定する

文字の置換では、ワークシート上のすべての文字が置換の対象となります。特定の範囲の文字を置換したい場合は、あらかじめ目的のセル範囲を選択してから、右の手順で操作します。

1 表内のいずれかのセルをクリックします。

2 ＜ホーム＞タブをクリックして、

3 ＜検索と選択＞をクリックし、

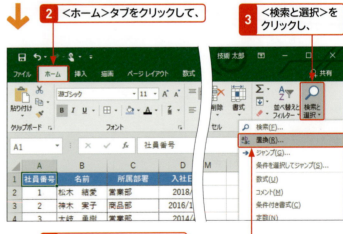

4 ＜置換＞をクリックすると、

5 ＜検索と置換＞ダイアログボックスの＜置換＞が表示されます。

ステップアップ 置換の詳細設定

＜検索と置換＞ダイアログボックスの＜オプション＞をクリックすると、検索する文字の条件を詳細に設定することができます。設定内容は、＜検索＞と同様です。P.199の「ステップアップ」を参照してください。

2 文字列を置換する

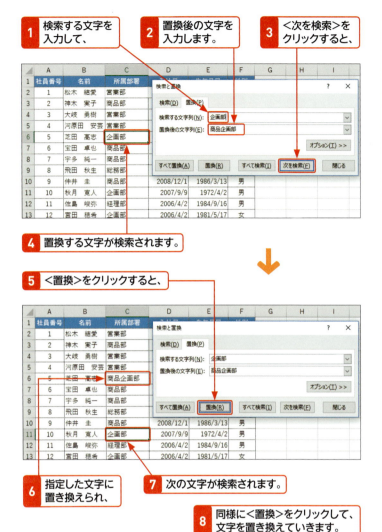

> **メモ** データを一つ一つ置換する
>
> 左の手順で操作すると、1つずつデータを確認しながら置換を行うことができます。検索された文字を置換せずに次を検索する場合は、＜次を検索＞をクリックします。置換が終了すると、確認のダイアログボックスが表示されるので＜OK＞をクリックし、＜検索と置換＞ダイアログボックスの＜閉じる＞をクリックします。

> **ヒント** まとめて一気に置換するには？
>
> 左の手順3で＜すべて置換＞をクリックすると、検索条件に一致するすべてのデータがまとめて置き換えられます。

ステップアップ 特定の文字列を削除する

置換機能を利用すると、特定の文字を削除することができます。たとえば、セルに含まれるスペースを削除したい場合は、＜検索する文字列＞にスペースを入力し、＜置換後の文字列＞に何も入力せずに置換を実行します。

Section 75 データを並べ替える

覚えておきたいキーワード
- ☑ データの並べ替え
- ☑ 昇順
- ☑ 降順

データベース形式の表では、データを昇順や降順で並べ替えたり、新しい順や古い順で並べ替えたりすることができます。並べ替えを行う際は、基準となるフィールドを指定しますが、フィールドは1つだけでなく、複数指定することができます。また、オリジナルの順序で並べ替えることも可能です。

1 データを昇順や降順に並べ替える

メモ　データの並べ替え

データベース形式の表を並べ替えるには、基準となるフィールドのセルをあらかじめ指定しておく必要があります。なお、右の手順では昇順で並べ替えましたが、降順で並べ替える場合は、手順❸で<降順> をクリックします。

データを昇順に並べ替える

❶ 並べ替えの基準となるフィールド（ここでは「名前」）の任意のセルをクリックします。

❷ <データ>タブをクリックして、

❸ <昇順>をクリックすると、

❹ 「名前」の五十音順に表全体が並べ替えられます。

注意　データが正しく並べ替えられない！

表内のセルが結合されていたり、空白の行や列があったりする場合は、表全体のデータを並べ替えることはできません。並べ替えを行う際は、表内にこのような行や列、セルがないかどうかを確認しておきます。また、ほかのアプリケーションで作成したデータをコピーした場合は、ふりがな情報が保存されていないため、日本語が正しく並べ替えられないことがあります。

2 2つの条件でデータを並べ替える

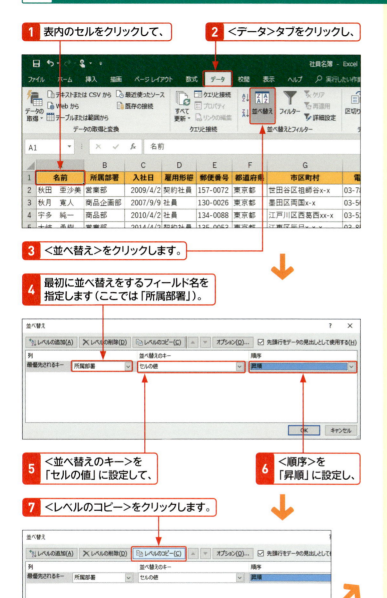

ヒント 昇順と降順の並べ替えのルール

昇順では、0～9、A～Z、日本語の順で並べ替えられ、降順では逆の順番で並べ替えられます。また、初期設定では、日本語は漢字・ひらがな・カタカナの種類に関係なく、ふりがなの五十音順で並べ替えられます。アルファベットの大文字と小文字は区別されません。

メモ 並べ替えの基準となるキー

手順 4 で設定する<最優先されるキー>とは、並べ替えの基準となるフィールドのことです。列ラベルに書かれたフィールド名を指定します。

ヒント 2つ以上の基準で並べ替えたい場合は?

2つ以上のフィールドを基準に並べ替えたい場合は、<並べ替え>ダイアログボックスの<レベルのコピー>をクリックして、並べ替えの条件を設定する行を追加します。最大で64の条件を設定できます。並べ替えの優先順位を変更する場合は、<レベルのコピー>の右横にある<上へ移動>▲や<下へ移動>▼で調整することができます。

優先順位を変更する場合は、これらをクリックします。

8 2番目に並べ替えをするフィールド名を指定して(ここでは「入社日」)、

9 <並べ替えのキー>を「セルの値」に設定し、

10 <順序>を「新しい順」に設定します。

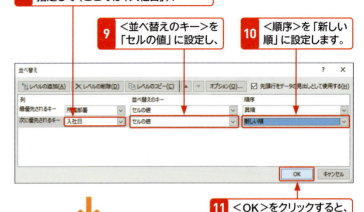

11 <OK>をクリックすると、

12 指定した2つのフィールド(「所属部署」と「入社日」)を基準に、表全体が並べ替えられます。

ステップアップ セルに設定した色やアイコンで並べ替えることもできる

上の手順では、<並べ替えのキー>に「セルの値」を指定しましたが、セルに入力した値だけでなく、塗りつぶしの色やフォントの色、条件付き書式で設定したアイコンなどを条件に並べ替えを行うこともできます。

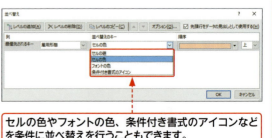

セルの色やフォントの色、条件付き書式のアイコンなどを条件に並べ替えを行うこともできます。

3 独自の順序でデータを並べ替える

1 表内のセルをクリックして、<データ>タブの<並べ替え>をクリックします。

2 並べ替えをするフィールド名を指定し（ここでは「都道府県」）、

3 ここをクリックして、

4 <ユーザー設定リスト>をクリックします。

5 並べ替えを行いたい順番にデータを入力して、

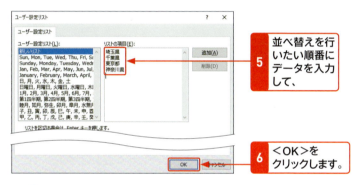

6 <OK>をクリックします。

7 <並べ替え>ダイアログボックスで<OK>をクリックすると、

8 手順5で入力した項目の順に表全体が並べ替えられます。

メモ リストの項目の入力

手順5では、Enterを押して改行をしながら、並べ替えを行いたい順に1行ずつデータを入力します。

ヒント 設定したリストを削除するには？

設定したリストを削除するには、左の手順で<ユーザー設定リスト>ダイアログボックスを表示します。削除するリストをクリックして<削除>をクリックし、確認のダイアログボックスで<OK>をクリックします。

1 削除するリストをクリックして、

2 <削除>をクリックし、

3 <OK>をクリックします。

Section 76 条件に合ったデータを抽出する

覚えておきたいキーワード
- ☑ フィルター
- ☑ オートフィルター
- ☑ トップテンオートフィルター

データベース形式の表にフィルターを設定すると、オートフィルターが利用できるようになります。オートフィルターは、フィールド（列）に含まれるデータのうち、指定した条件に合ったものだけを表示する機能です。日付やテキスト、数値など、さまざまなフィルターを利用できます。

1 オートフィルターを利用してデータを抽出する

キーワード　オートフィルター

「オートフィルター」は、任意のフィールドに含まれるデータのうち、指定した条件に合ったものだけを抽出して表示する機能です。1つのフィールドに対して、細かく条件を設定することもできます。たとえば、日付を指定して抽出したり、指定した値や平均より上、または下の値だけといった抽出をすばやく行うことができます。

1. 表内のセルをクリックします。
2. <データ>タブをクリックして、
3. <フィルター>をクリックすると、

4. すべての列ラベルに ▼ が表示され、オートフィルターが利用できるようになります。

メモ　オートフィルターの設定と解除

<データ>タブの<フィルター>をクリックすると、オートフィルターが設定されます。オートフィルターを解除する場合は、再度<フィルター>をクリックします。

5 ここでは、「店舗名」のここをクリックして、
6 <検索>ボックスに抽出したいデータ（ここでは「恵比寿」）を入力し、

7 <OK>をクリックすると、

フィルターを適用すると、ボタンの表示が変わります。
8 店舗名が「恵比寿」のデータが抽出されます。

9 ここをクリックして、
10 <"店舗名"からフィルターをクリア>をクリックすると、

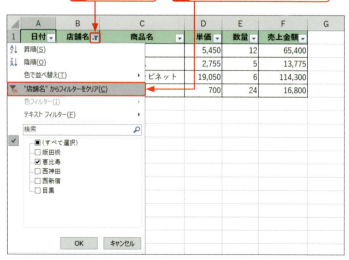

11 フィルターがクリアされます。

メモ データを抽出するそのほかの方法

左の手順では、<検索>ボックスを使いましたが、その下にあるデータの一覧で抽出条件を指定することもできます。抽出したいデータのみをオンにし、そのほかのデータをオフにして<OK>をクリックします。

1 抽出したいデータのみをクリックしてオンにし、

2 <OK>をクリックします。

ヒント フィルターの条件をクリアするには？

フィルターの条件をクリアしてすべてのデータを表示するには、オートフィルターのメニューを表示して、<"○○"からフィルターをクリア>をクリックします（手順10参照）。

Section 76 条件に合ったデータを抽出する

第8章 データの操作とグラフ・印刷

Section 77 グラフを作成する

覚えておきたいキーワード
- ☑ おすすめグラフ
- ☑ すべてのグラフ
- ☑ クイック分析

＜挿入＞タブの＜おすすめグラフ＞を利用すると、表の内容に適したグラフをかんたんに作成することができます。また、＜グラフ＞グループに用意されているコマンドや、グラフにするセル範囲を選択すると表示される＜クイック分析＞を利用してグラフを作成することもできます。

1 ＜おすすめグラフ＞を利用してグラフを作成する

📝 メモ　おすすめグラフ

＜おすすめグラフ＞を利用すると、利用しているデータに適したグラフをすばやく作成することができます。グラフにする範囲を選択して、＜挿入＞タブの＜おすすめグラフ＞をクリックすると、ダイアログボックスの左側に＜おすすめグラフ＞が表示されます。グラフをクリックすると、右側にグラフがプレビューされるので、利用したいグラフを選択します。

1 グラフのもとになるセル範囲を選択して、
2 ＜挿入＞タブをクリックし、
3 ＜おすすめグラフ＞をクリックします。

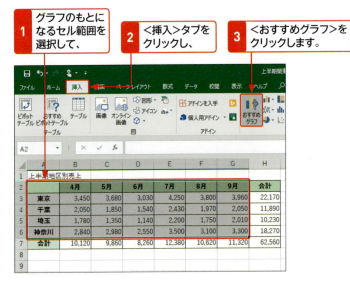

4 作成したいグラフ（ここでは＜集合縦棒＞）をクリックして、

 左の「ヒント」参照

💡 ヒント　すべてのグラフ

＜グラフの挿入＞ダイアログボックスで＜すべてのグラフ＞をクリックすると、Excelで利用できるすべてのグラフの種類が表示されます。＜おすすめグラフ＞に目的のグラフがない場合は、＜すべてのグラフ＞から選択することができます。

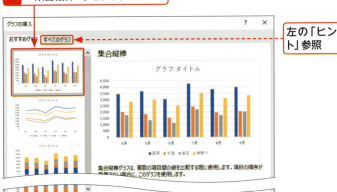

5 ＜OK＞をクリックすると、

＜グラフツール＞の＜デザイン＞と＜書式＞タブが表示されます。　　　　　　　　　　　　　　　　右の「ヒント」参照

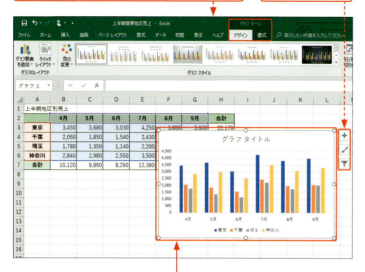

ヒント ＜グラフの右上に表示されるコマンド＞

作成したグラフをクリックすると、グラフの右上に＜グラフ要素＞＜グラフスタイル＞＜グラフフィルター＞の3つのコマンドが表示されます。これらのコマンドを利用して、グラフ要素を追加したり、グラフのスタイルを変更したり（Sec.79参照）することができます。

 6 グラフが作成されます。

7 「グラフタイトル」と表示されている部分をクリックしてタイトルを入力し、

メモ ＜グラフ＞グループにあるコマンドを使う

グラフは、＜グラフ＞グループに用意されているコマンドを使っても作成することができます。＜挿入＞タブをクリックして、グラフの種類に対応したコマンドをクリックし、目的のグラフを選択します。

8 タイトル以外をクリックすると、タイトルが表示されます。

メモ ＜クイック分析＞を使う

グラフにするセル範囲を選択すると右下に表示される＜クイック分析＞を利用しても、グラフを作成することができます。

1 ＜クイック分析＞をクリックして、

2 ＜グラフ＞をクリックし、

3 グラフの種類を指定します。

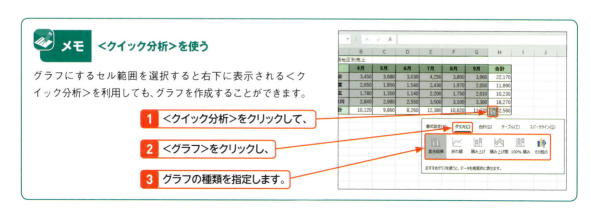

Section 77 グラフを作成する

第8章　データの操作とグラフ・印刷

209

Section 78 グラフの位置やサイズを変更する

覚えておきたいキーワード
☑ グラフの移動
☑ グラフのサイズ
☑ グラフの文字サイズ

グラフは、グラフのもととなるデータが入力されたワークシートの中央に作成されますが、任意の位置に移動したり、ほかのシートやグラフだけのシートに移動したりすることができます。それぞれの要素を個別に移動することもできます。また、グラフ全体のサイズを変更することもできます。

1 グラフを移動する

メモ グラフの選択

グラフの移動や拡大／縮小など、グラフ全体の変更を行うには、グラフを選択します。グラフエリアの何もないところをクリックすると、グラフが選択されます。

1 グラフエリアの何もないところをクリックしてグラフを選択し、

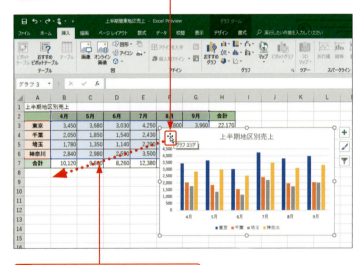

2 移動したい場所までドラッグすると、

3 グラフが移動されます。

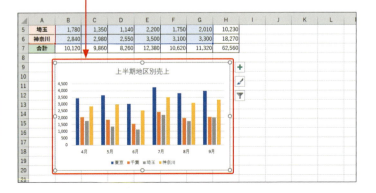

ステップアップ グラフをコピーする

グラフをほかのシートにコピーするには、グラフをクリックして選択し、＜ホーム＞タブの＜コピー＞をクリックします。続いて、貼り付け先のシートを表示して貼り付けるセルをクリックし、＜ホーム＞タブの＜貼り付け＞をクリックします。

2 グラフのサイズを変更する

1 サイズを変更したいグラフをクリックします。

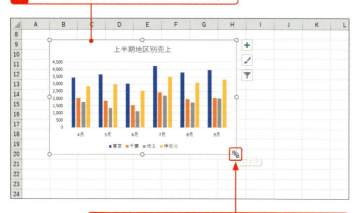

2 サイズ変更ハンドルにマウスポインターを合わせて、

3 変更したい大きさになるまでドラッグすると、

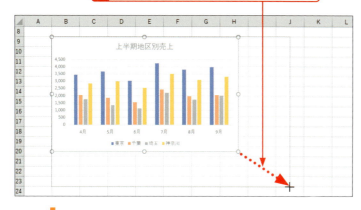

4 グラフのサイズが変更されます。

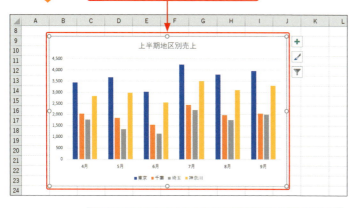

グラフのサイズを変更しても、文字サイズや凡例などの表示はもとのサイズのままです（右下の「ヒント」参照）。

キーワード　サイズ変更ハンドル

「サイズ変更ハンドル」とは、グラフエリアを選択すると周りに表示される丸いマークのことです（手順 **1** の図参照）。マウスポインターをサイズ変更ハンドルに合わせると、ポインターが両方に矢印の付いた形に変わります。その状態でドラッグすると、グラフのサイズを変更することができます。

ヒント　縦横比を変えずに拡大／縮小するには？

グラフの縦横比を変えずに拡大／縮小するには、[Shift]を押しながら、グラフの四隅のサイズ変更ハンドルをドラッグします。また、[Alt]を押しながらグラフの移動やサイズ変更を行うと、グラフをセルの境界線に揃えることができます。

ヒント　グラフの文字サイズを変更する

グラフ内の文字サイズを変更する場合は、＜ホーム＞タブの＜フォントサイズ＞を利用します。グラフ全体の文字サイズを一括で変更したり、特定の要素の文字サイズを変更したりすることができます。

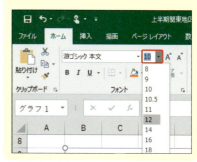

Section 79 グラフのレイアウトやデザインを変更する

覚えておきたいキーワード
- ☑ クイックレイアウト
- ☑ グラフスタイル
- ☑ 色の変更

グラフのレイアウトやデザインは、あらかじめ用意されている＜クイックレイアウト＞や＜グラフスタイル＞から好みの設定を選ぶだけで、かんたんに変えることができます。また、＜色の変更＞でグラフの色とスタイルをカスタマイズすることもできます。

1 グラフ全体のレイアウトを変更する

ヒント　グラフ要素に書式を設定する

グラフエリア、プロットエリア、グラフタイトル、凡例などの要素にも個別に書式を設定することができます。書式を設定したいグラフ要素をクリックして＜書式＞タブをクリックし、＜選択対象の書式設定＞をクリックして、目的の書式を設定します。

1 グラフをクリックして、＜デザイン＞タブをクリックします。

2 ＜クイックレイアウト＞をクリックして、

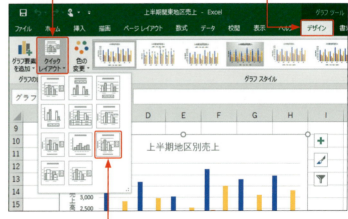

3 使用したいレイアウト（ここでは＜レイアウト9＞）をクリックすると、

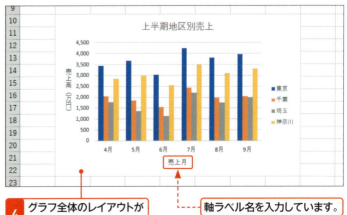

4 グラフ全体のレイアウトが変更されます。

軸ラベル名を入力しています。

ステップアップ　行と列を切り替える

＜デザイン＞タブの＜行／列の切り替え＞をクリックすると、グラフの行と列を入れ替えることができます。

2 グラフのスタイルを変更する

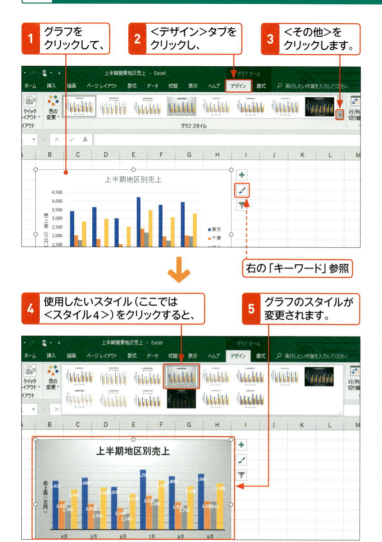

キーワード　グラフスタイル

「グラフスタイル」は、グラフの色やスタイル、背景色などの書式があらかじめ設定されているものです。グラフのスタイルは、グラフをクリックすると表示される<グラフスタイル>から変更することもできます。

メモ　スタイルを設定する際の注意

Excelに用意されている「グラフスタイル」を適用すると、それまでに設定していたグラフ全体の文字サイズやフォント、タイトルやグラフエリアなどの書式が変更されてしまうことがあります。グラフのスタイルを適用する場合は、これらを設定する前に適用するとよいでしょう。

ステップアップ　グラフの色を変更する

グラフの色とスタイルをカスタマイズすることもできます。グラフをクリックして、<デザイン>タブの<色の変更>をクリックすると、色の一覧が表示されます。一覧から使用したい色をクリックすると、グラフ全体の色味が変更されます。

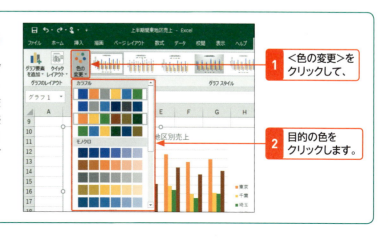

Section 80 ワークシートを印刷する

覚えておきたいキーワード
- ☑ 印刷プレビュー
- ☑ ページ設定
- ☑ 印刷

作成したワークシートを印刷する前に、印刷プレビューで印刷結果のイメージを確認すると、意図したとおりの印刷が行えます。Excelでは、＜印刷＞画面で印刷結果を確認しながら、印刷の向きや用紙、余白などの設定を行うことができます。設定内容を確認したら、印刷を実行します。

1 印刷プレビューを表示する

メモ　プレビューの拡大・縮小の切り替え

印刷プレビューの右下にある＜ページに合わせる＞をクリックすると、プレビューが拡大表示されます。再度クリックすると、縮小表示に戻ります。

＜ページに合わせる＞をクリックすると、プレビューが拡大表示されます。

1 ＜ファイル＞タブをクリックして、

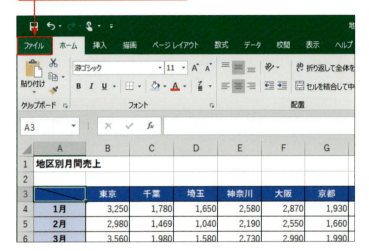

2 ＜印刷＞をクリックすると、

ヒント　複数ページのイメージを確認するには？

ワークシートの印刷が複数ページにまたがる場合は、印刷プレビューの左下にある＜次のページ＞、＜前のページ＞をクリックすると、次ページや前ページの印刷イメージを確認できます。

前のページ　　次のページ

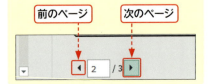

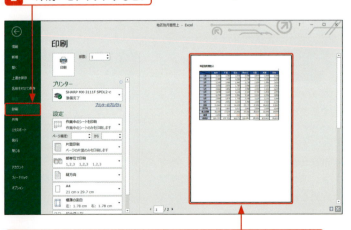

3 ＜印刷＞画面が表示され、右側に印刷プレビューが表示されます。

2 印刷の向きや用紙サイズ、余白の設定を行う

1 ＜印刷＞画面を表示しています（前ページ参照）。

2 ここをクリックして、

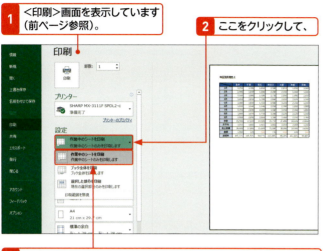

3 印刷する対象（ここでは＜作業中のシートを印刷＞）を指定します。

4 ここをクリックして、

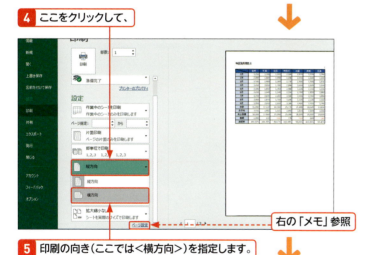

右の「メモ」参照

5 印刷の向き（ここでは＜横方向＞）を指定します。

6 ここをクリックして、

7 使用する用紙（ここでは＜B5＞）を指定します。

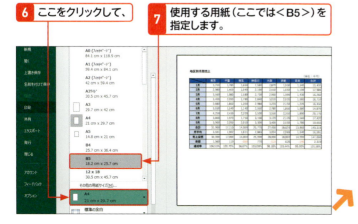

メモ そのほかのページ設定の方法

ページ設定は、左の手順のほか、＜印刷＞画面の下側にある＜ページ設定＞をクリックすると表示される＜ページ設定＞ダイアログボックス（P.216の「メモ」参照）や、＜ページレイアウト＞タブの＜ページ設定＞グループのコマンドからも行うことができます。

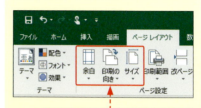

これらのコマンドを利用します。

複数のシートをまとめて印刷するには？

ブックに複数のシートがあるとき、すべてのシートをまとめて印刷したい場合は、手順3で＜ブック全体を印刷＞を指定します。

ヒント ワークシートの枠線を印刷するには？

通常、ユーザーが罫線を設定しなければ、表の罫線は印刷されませんが、罫線を設定していなくても、表に枠線を付けて印刷したい場合は、＜ページレイアウト＞タブの＜枠線＞の＜表示＞と＜印刷＞をクリックしてオンにし、印刷を行います。

＜枠線＞の＜表示＞と＜印刷＞をオンにして印刷を行います。

8 ここをクリックして、　**9** 余白（ここでは＜広い＞）を指定します。

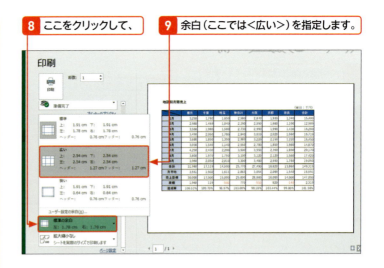

10 設定した内容が印刷プレビューに反映されます。

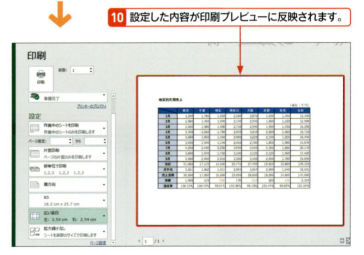

メモ ＜ページ設定＞ダイアログボックスの利用

印刷の向きや用紙サイズ、余白などのページ設定は、＜ページ設定＞ダイアログボックスでも行うことができます。また、拡大／縮小率を指定することもできます。
＜ページ設定＞ダイアログボックスは、＜印刷＞画面の下側にある＜ページ設定＞をクリックするか、＜ページレイアウト＞タブの＜ページ設定＞グループにある をクリックすると表示されます。

印刷の向きや用紙サイズ、拡大・縮小率、余白などのページ設定を行うことができます。

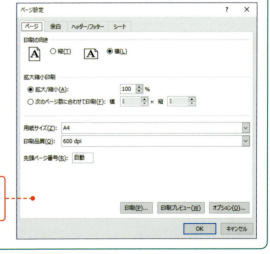

3 印刷を実行する

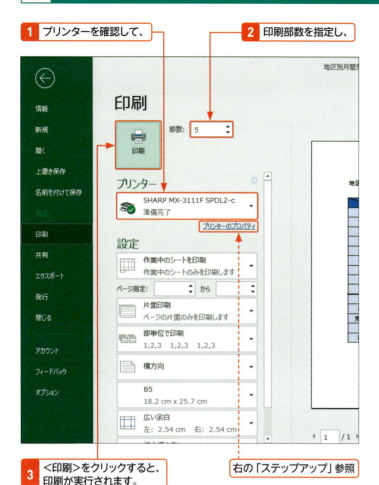

1 プリンターを確認して、
2 印刷部数を指定し、
3 ＜印刷＞をクリックすると、印刷が実行されます。
右の「ステップアップ」参照

メモ 印刷を実行する

各種設定が完了したら、＜印刷＞をクリックして印刷を実行します。

ステップアップ プリンターの設定を変更する

プリンターの設定を変更する場合は、＜プリンターのプロパティ＞をクリックして、＜プリンターのプロパティ＞ダイアログボックスを表示します。

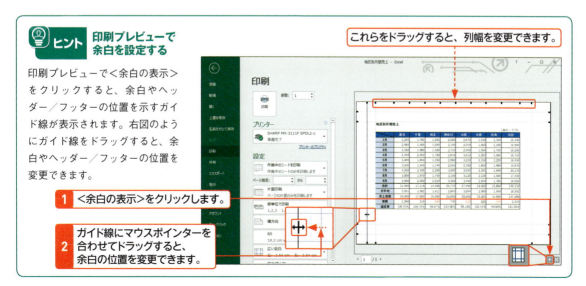

ヒント 印刷プレビューで余白を設定する

印刷プレビューで＜余白の表示＞をクリックすると、余白やヘッダー／フッターの位置を示すガイド線が表示されます。右図のようにガイド線をドラッグすると、余白やヘッダー／フッターの位置を変更できます。

1 ＜余白の表示＞をクリックします。
2 ガイド線にマウスポインターを合わせてドラッグすると、余白の位置を変更できます。

これらをドラッグすると、列幅を変更できます。

Section 80 ワークシートを印刷する

第8章 データの操作とグラフ・印刷

217

Section 81 1ページに収まるように印刷する

覚えておきたいキーワード
- ☑ 拡大／縮小
- ☑ 余白
- ☑ ページ設定

表を印刷したとき、列や行が次の用紙に少しだけはみ出してしまう場合があります。このような場合は、シートを縮小したり、余白を調整したりすることで1ページに収めることができます。印刷プレビューで設定結果を確認しながら調整すると、印刷の無駄を省くことができます。

1 はみ出した表を1ページに収める

メモ 印刷状態の確認

表が2ページに分割されているかどうかは、印刷プレビューの左下にあるページ番号で確認できます。＜次のページ＞をクリックすると、分割されているページが確認できます。

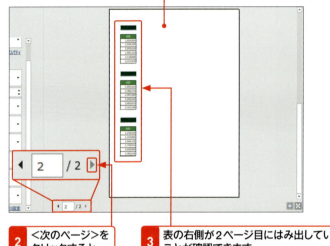

1 ＜ファイル＞タブをクリックして＜印刷＞をクリックし、印刷プレビューを表示します（Sec.80参照）。

2 ＜次のページ＞をクリックすると、

3 表の右側が2ページ目にはみ出していることが確認できます。

シートを縮小する

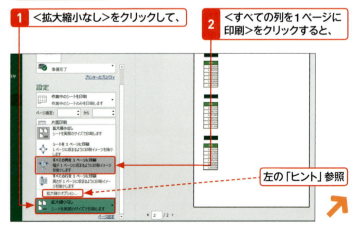

1 ＜拡大縮小なし＞をクリックして、

2 ＜すべての列を1ページに印刷＞をクリックすると、

左の「ヒント」参照

ヒント 拡大／縮小の設定

右の例では、列幅が1ページに収まるように設定しましたが、行が下にはみ出す場合は、＜すべての行を1ページに印刷＞を、行と列の両方がはみ出す場合は、＜シートを1ページに印刷＞をクリックします。なお、＜拡大縮小オプション＞をクリックすると、＜ページ設定＞ダイアログボックスが表示され、拡大／縮小率を細かく設定することができます。

218

3 表が1ページに収まるように縮小されます。

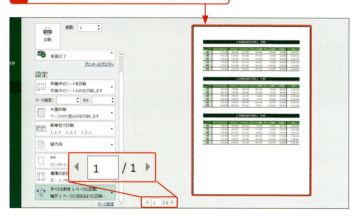

メモ　余白を調整する

＜印刷＞画面の下側にある＜ページ設定＞をクリックすると表示される＜ページ設定＞ダイアログボックスの＜余白＞を利用すると、余白を細かく設定することができます。

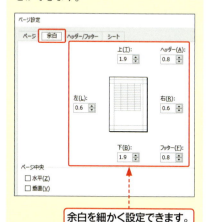

余白を細かく設定できます。

余白を調整する

1 ＜標準の余白＞をクリックして、　**2** ＜狭い＞をクリックすると、

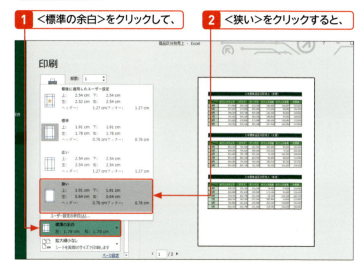

3 印刷領域が広がり、表が1ページに収まります。

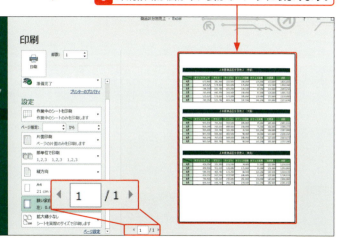

ヒント　表を用紙の中央に印刷するには？

＜ページ設定＞ダイアログボックスの＜余白＞にある＜水平＞をクリックしてオンにすると表を用紙の左右中央に、＜垂直＞をクリックしてオンにすると表を用紙の上下中央に印刷することができます。

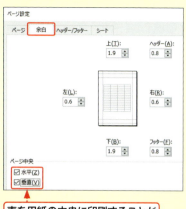

表を用紙の中央に印刷することができます。

Section 82 指定した範囲だけを印刷する

覚えておきたいキーワード
- ☑ 印刷範囲の設定
- ☑ 印刷範囲のクリア
- ☑ 選択した部分を印刷

大きな表の中の一部だけを印刷したい場合、方法は2とおりあります。いつも同じ部分を印刷したい場合は、あらかじめ印刷範囲を設定しておきます。選択したセル範囲を一度だけ印刷したい場合は、＜印刷＞画面で＜選択した部分を印刷＞を指定して印刷を行います。

1 印刷範囲を設定する

ヒント 印刷範囲を解除するには？

設定した印刷範囲を解除するには、＜印刷範囲＞をクリックして、＜印刷範囲のクリア＞をクリックします（手順3の図参照）。印刷範囲を解除すると、＜名前ボックス＞に表示されていた「Print_Area」も解除されます。

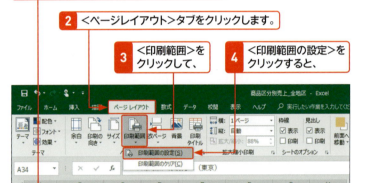

1 印刷範囲に設定するセル範囲を選択して、
2 ＜ページレイアウト＞タブをクリックします。
3 ＜印刷範囲＞をクリックして、
4 ＜印刷範囲の設定＞をクリックすると、

＜名前ボックス＞に「Print_Area」と表示されます。

5 印刷範囲が設定されます。

ステップアップ 印刷範囲の設定を追加する

印刷範囲を設定したあとに、別のセル範囲を印刷範囲に追加するには、追加するセル範囲を選択して＜印刷範囲＞をクリックし、＜印刷範囲に追加＞をクリックします。

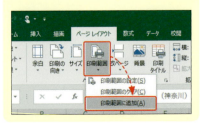

2 特定のセル範囲を一度だけ印刷する

P.220の「ヒント」を参考にして、あらかじめ印刷範囲を解除しておきます。

ステップアップ 離れたセル範囲を印刷範囲として設定する

離れた場所にある複数のセル範囲を印刷範囲として設定するには、Ctrlを押しながら複数のセル範囲を選択します。そのあとで印刷範囲を設定するか、選択した部分を印刷します。この場合、選択したセル範囲ごとに別のページに印刷されます。

1 印刷したいセル範囲を選択して、

2 ＜ファイル＞タブをクリックします。

3 ＜印刷＞をクリックして、

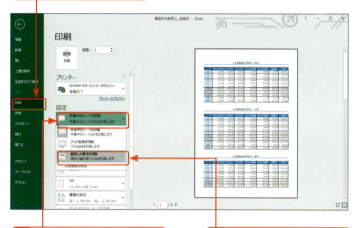

4 ＜作業中のシートを印刷＞をクリックし、

5 ＜選択した部分を印刷＞をクリックすると、

6 選択した範囲だけが印刷されます。

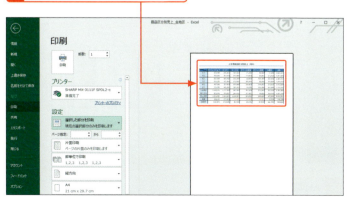

Section 83 グラフのみを印刷する

覚えておきたいキーワード
- ☑ グラフの選択
- ☑ 印刷
- ☑ 選択したグラフを印刷

表のデータをもとにグラフを作成すると、グラフは表と同じワークシートに作成されるので、そのまま印刷すると、表とグラフがいっしょに印刷されます。グラフだけを印刷したい場合は、グラフをクリックして選択してから、印刷を実行します。

1 グラフを印刷する

メモ グラフのみを印刷する

グラフのもとになった表とグラフをいっしょに印刷するのではなく、グラフだけを印刷したい場合は、グラフを選択してから印刷を実行します。

1. グラフエリアの何もないところをクリックしてグラフを選択し、
2. <ファイル>タブをクリックして、
3. <印刷>をクリックします。
4. グラフがプレビュー表示されるので、印刷の向きや用紙、余白などを必要に応じて設定し、
5. <印刷>をクリックします。

メモ 印刷の向きや用紙、余白の設定

グラフを選択して<印刷>画面を表示すると、初期設定では、グラフのサイズに適した用紙が選択され、グラフが用紙いっぱいに印刷されるように拡大されます。必要に応じて用紙や印刷の向き、余白などを設定するとよいでしょう(Sec. 80参照)。

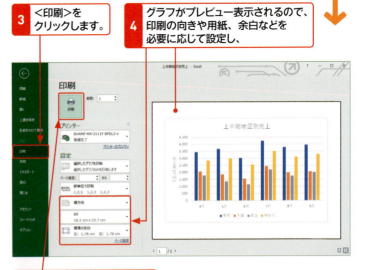

Chapter 09

第**9**章

文字入力と
スライドの操作

Section	84	**PowerPoint とは？**
	85	**PowerPoint の画面構成**
	86	**PowerPoint の表示モード**
	87	**新しいスライドを追加する**
	88	**スライドの順序を入れ替える**
	89	**スライドを複製・コピー・削除する**
	90	**スライドに文字を入力する**
	91	**段落の行頭を設定する**
	92	**フォントやフォントサイズを変更する**
	93	**文字色やスタイルを変更する**
	94	**本文を段組みにする**

Section 84 PowerPointとは？

覚えておきたいキーワード
- ☑ PowerPoint
- ☑ プレゼンテーション
- ☑ Office

PowerPointは、プレゼンテーションにおいて、スクリーンなどに映し出す資料を作成するためのアプリケーションです。PowerPointを利用すると、グラフや表、アニメーションなどを利用して、「より視覚に訴える」プレゼンテーション用の資料を作成することができます。

1 プレゼンテーション用の資料を作成する

🔍 キーワード プレゼンテーション

「プレゼンテーション」は、企画やアイデアなどの特定のテーマを、相手に伝達する手法のことです。一般的には、伝えたい情報に関する資料を提示し、それに合わせて口頭で発表します。

プレゼンテーションの構成を考える

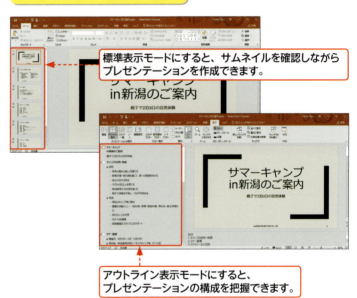

標準表示モードにすると、サムネイルを確認しながらプレゼンテーションを作成できます。

アウトライン表示モードにすると、プレゼンテーションの構成を把握できます。

🔍 キーワード PowerPoint 2019

PowerPointは、プレゼンテーションの準備から発表までの作業を省力化し、相手に対して効果的なプレゼンテーションを行うためのアプリケーションです。
「PowerPoint 2019」は、マイクロソフトのビジネスソフトの統合パッケージである「Office」に含まれるソフトです。単体の製品としても販売されているほか、市販のパソコンにあらかじめインストールされていることもあります。

視覚に訴える資料を作成する

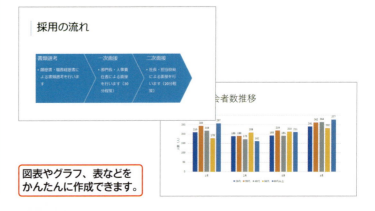

図表やグラフ、表などをかんたんに作成できます。

2 プレゼンテーションを実行する

アニメーションで効果的に

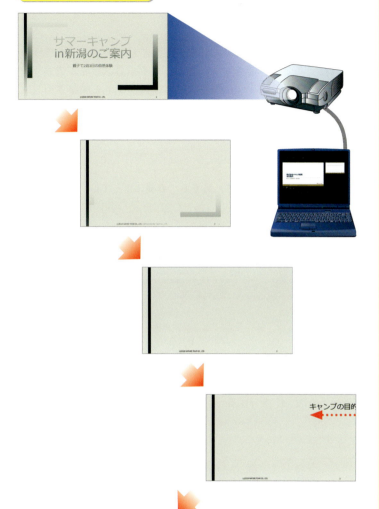

アニメーションを設定して、
画面を切り替えたり、
テキストを表示したりできます。

メモ 動きのあるプレゼンテーションに

PowerPointでは、画面を切り替えるときや、テキスト、グラフなどを表示させるときに、アニメーションの設定が可能です。
動きのあるプレゼンテーションで、参加者の注意をひきつけることができます。

メモ 音楽や動画も再生できる

PowerPointでは、プレゼンテーション実行時に音楽や動画を再生することもできます。

メモ プレゼンテーション実行の操作もかんたん

PowerPointでは、発表者用のツールを使って、かんたんに画面を切り替えたり、テキストを表示させたりすることができます。

Section 84 PowerPointとは？

第9章 文字入力とスライドの操作

225

Section 85 PowerPointの画面構成

覚えておきたいキーワード
☑ スライド
☑ プレゼンテーション
☑ プレースホルダー

PowerPoint 2019の画面上部には、コマンドが機能ごとにまとめられ、タブをクリックして切り替えることができます。また、左側にはスライドの表示を切り替える「サムネイルウィンドウ」、画面中央にはスライドを編集する「スライドウィンドウ」が表示されます。

1 基本的な画面構成

PowerPointでの基本的な作業は、下図の状態の画面で行います。ただし、作業によっては、タブが切り替わったり、必要なタブが新しく表示されたりします。

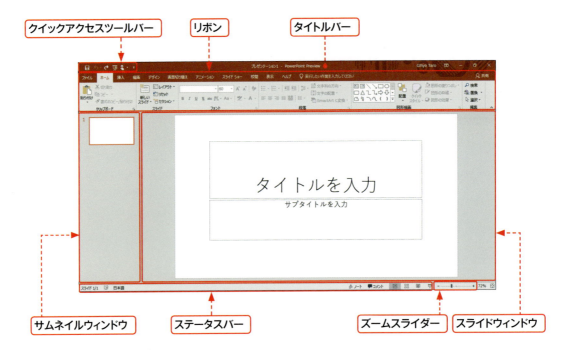

名称	機能
クイックアクセスツールバー	よく使う機能を1クリックで利用できるボタンです。
リボン	PowerPoint 2003以前のメニューとツールボタンの代わりになる機能です。コマンドがタブによって分類されています。
タイトルバー	作業中のプレゼンテーションのファイル名が表示されます。
スライドウィンドウ	スライドを編集するための領域です。
サムネイルウィンドウ	すべてのスライドの縮小版（サムネイル）が表示される領域です。
ステータスバー	作業中のスライド番号や表示モードの変更ボタンが表示されます。
ズームスライダー	画面の表示倍率を変更できます。

2 プレゼンテーションの構成

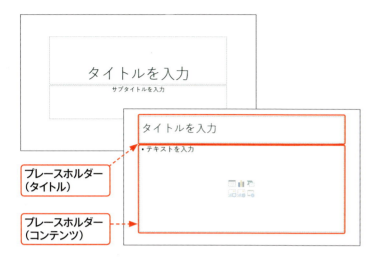

 **プレゼンテーション・スライド・プレースホルダー**

PowerPointでは、それぞれのページを「スライド」と呼び、スライドの集まり（1つのファイル）を「プレゼンテーション」と呼びます。また、スライド上には、タイトルやテキスト（文字列）、グラフ、画像などを挿入するための枠が配置されています。この枠を「プレースホルダー」と呼びます。

3 スライドの表示を切り替える

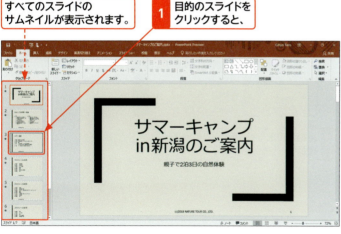

メモ　スライドの表示

ウィンドウ左側のサムネイルウィンドウには、プレゼンテーションを構成するすべてのスライドのサムネイルが表示されます。
表示したいスライドのサムネイルをクリックすると、スライドウィンドウにスライドが表示されます。

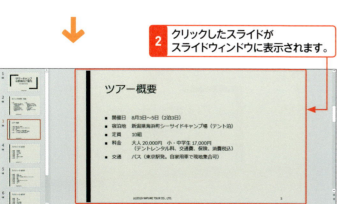

Section 86 PowerPointの表示モード

覚えておきたいキーワード
- ☑ 表示モード
- ☑ 標準表示モード
- ☑ アウトライン表示モード

PowerPointには、プレゼンテーションのさまざまな表示モードが用意されています。初期設定の「標準表示」モードでは、ウィンドウの左側にスライドのサムネイルの一覧が表示され、右側に編集対象となるスライドが大きく表示されます。作業内容に応じて、表示モードを切り替えることができます。

1 表示モードを切り替える

メモ 表示モードの切り替え

表示モードを切り替えるには、＜表示＞タブの＜プレゼンテーションの表示＞グループから、目的の表示モードをクリックします。

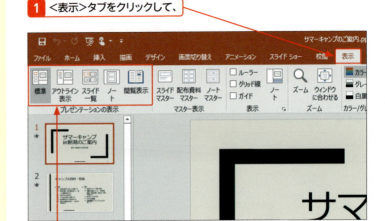

1. ＜表示＞タブをクリックして、
2. 目的の表示モードをクリックすると、表示モードが変わります。

2 表示モードの種類

キーワード 標準表示モード

スライドウィンドウとスライドのサムネイルが表示されている状態を「標準表示」モードといいます。通常のスライドの編集は、この状態で行います。

標準表示モード

アウトライン表示モード

スライド一覧表示モード

ノート表示モード

右下の「メモ」参照。

閲覧表示モード

Section 86 PowerPointの表示モード

キーワード アウトライン表示モード

「アウトライン表示」モードでは、左側にすべてのスライドのテキストだけが表示されます。スライド全体の構成を参照しながら、編集することができます。

キーワード スライド一覧表示モード

「スライド一覧表示」モードでは、プレゼンテーション全体の構成の確認や、スライドの移動、各スライドの表示時間の確認が行えます。

キーワード ノート表示モード

「ノート表示」モードでは、発表者用のメモを確認・編集できます。

キーワード 閲覧表示モード

「閲覧表示」モードでは、スライドショーをウィンドウで表示できます。

メモ ステータスバーから表示モードを切り替える

ウィンドウ右下のボタンをクリックしても、表示モードを切り替えることができます。

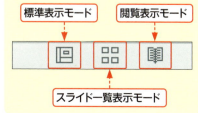

第9章 文字入力とスライドの操作

229

Section 87 新しいスライドを追加する

覚えておきたいキーワード
☑ 新しいスライド
☑ レイアウト
☑ コンテンツ

タイトルスライドを作成したら、新しいスライドを追加します。スライドには、さまざまなレイアウトが用意されており、スライドを追加するときにレイアウトを選択したり、あとから変更したりすることができます。新しいスライドは、ウィンドウ左側で選択しているサムネイルのスライドの次に挿入されます。

1 新しいスライドを挿入する

メモ スライドの挿入

スライドの挿入は、＜ホーム＞タブの＜新しいスライド＞のほか、＜挿入＞タブの＜新しいスライド＞からも行うことができます。

1. スライドサムネイルで、スライドを追加したい位置の前にあるスライドをクリックし、

メモ レイアウトの種類

手順❸で表示されるレイアウトの種類は、プレゼンテーションに設定しているテーマによって異なります。
なお、オリジナルで新しいレイアウトを作成することもできます。

2. ＜ホーム＞タブをクリックして、
3. ＜新しいスライド＞のここをクリックし、

キーワード コンテンツ

「コンテンツ」とは、スライドに配置するテキスト、表、グラフ、SmartArt、図、ビデオのことです。手順❹でコンテンツを含むレイアウトを選択すると、コンテンツを挿入できるプレースホルダーがあらかじめ配置されているスライドが挿入されます。

4. 目的のレイアウト（ここでは、＜2つのコンテンツ＞）をクリックすると、

5 選択したレイアウトのスライドが挿入されます。

ヒント 前回選択したレイアウトのスライドを挿入するには？

<ホーム>タブの<新しいスライド>のアイコン部分をクリックすると、前回選択したレイアウトと同じレイアウトのスライドが挿入されます。
ただし、1枚目のスライド挿入時にこの操作を行うと、<タイトルスライド>のレイアウトが適用されます。

2 スライドのレイアウトを変更する

1 目的のスライドをクリックして、

2 <ホーム>タブをクリックし、

メモ レイアウトの変更

スライドのレイアウトの変更は、文字列を入力したあとでも行うことができます。

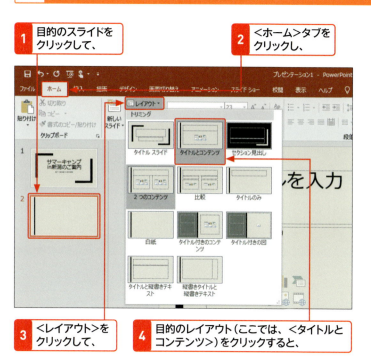

3 <レイアウト>をクリックして、

4 目的のレイアウト（ここでは、<タイトルとコンテンツ>）をクリックすると、

5 スライドレイアウトが変更されます。

Section 88 スライドの順序を入れ替える

覚えておきたいキーワード
- ☑ スライドサムネイル
- ☑ サムネイル
- ☑ スライド一覧表示モード

スライドはあとから順番を入れ替えることができます。スライドの順序を変更するには、標準表示モードの左側のスライドサムネイルで、目的のスライドのサムネイルをドラッグします。また、スライド一覧表示モードでも、スライドをドラッグして順序を変更することが可能です。

1 スライドサムネイルでスライドの順序を変更する

ヒント　複数のスライドを移動するには？

複数のスライドをまとめて移動するには、左側のスライドサムネイルで Ctrl を押しながら目的のスライドをクリックして選択し、目的の位置までドラッグします。

1 目的のスライドのサムネイルにマウスポインターを合わせ、

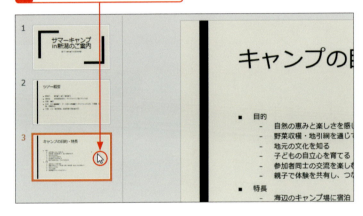

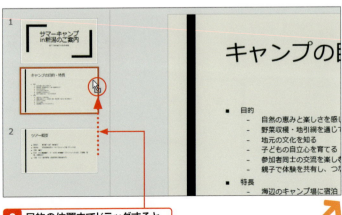

2 目的の位置までドラッグすると、

3 スライドの順序が変わります。

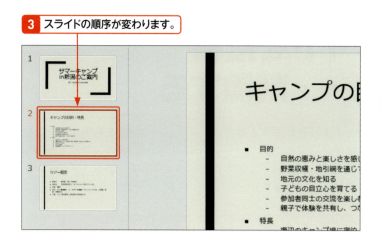

2 スライド一覧表示モードでスライドの順序を変更する

1 スライド一覧表示モードに切り替えて、

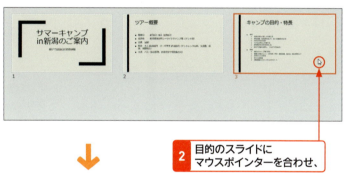

2 目的のスライドにマウスポインターを合わせ、

メモ スライド一覧表示モードへの切り替え

スライド一覧表示モードに切り替えると、標準表示モードのスライドサムネイルよりもスライドが大きく表示されます。
スライド一覧表示モードに切り替えるには、＜表示＞タブの＜スライド一覧＞をクリックします。

3 目的の位置までドラッグすると、

4 スライドの順序が変わります。

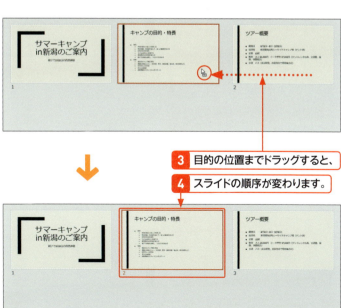

Section 89 スライドを複製・コピー・削除する

覚えておきたいキーワード
☑ 複製
☑ コピー
☑ 削除

似た内容のスライドを複数作成する場合は、スライドの複製を利用すると、効率的に作成できます。既存のプレゼンテーションに同じ内容のスライドがある場合は、スライドをコピー&貼り付けすることができます。また、スライドが不要になった場合は、削除します。

1 プレゼンテーション内のスライドを複製する

メモ スライドの複製

同じプレゼンテーションのスライドをコピーしたい場合は、スライドの複製を利用します。
なお、手順4で<複製>をクリックした場合は、手順4のあとすぐに新しいスライドが作成されるのに対し、<コピー>をクリックした場合は<貼り付け>をクリックするまでスライドが作成されません。

1 目的のスライドのサムネイルをクリックして選択し、

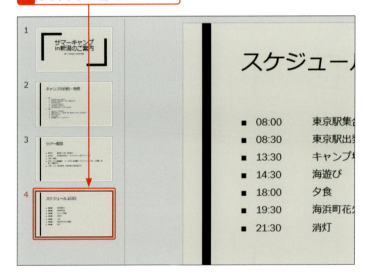

メモ <新しいスライド>の利用

複製するスライドを選択し、<ホーム>(または<挿入>)タブの<新しいスライド>をクリックして、<選択したスライドの複製>をクリックしても、スライドを複製できます。

2 <ホーム>タブをクリックして、

3 <コピー>のここをクリックし、

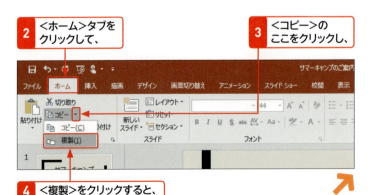

4 <複製>をクリックすると、

5 スライドが複製されます。

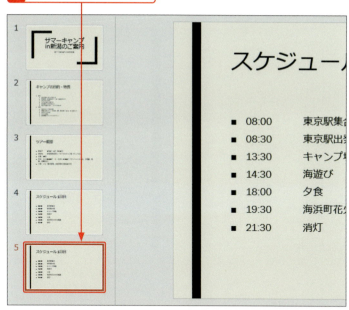

2 他のプレゼンテーションのスライドをコピーする

1 コピーするスライドの
サムネイルをクリックして選択し、

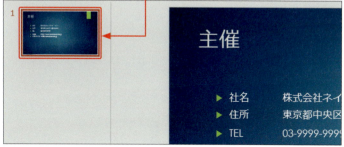

2 <ホーム>タブをクリックして、

3 <コピー>をクリックします。

メモ スライドのコピー

左の手順では、他のプレゼンテーションのスライドをコピーして貼り付けていますが、同じプレゼンテーションのスライドをコピーして貼り付けることもできます。

メモ 貼り付け先のテーマが適用される

手順7で<貼り付け>のアイコン部分 をクリックすると、貼り付けたスライドには、貼り付け先のテーマが適用されます。
貼り付けたあとに表示される<貼り付けのオプション> をクリックすると、貼り付けたスライドの書式を選択できます。選択できる項目は、次の3種類です。

① <貼り付け先のテーマを使用>
　貼り付け先のテーマを適用してスライドを貼り付けます。

② <元の書式を保持>
　元のテーマのままスライドを貼り付けます。

③ <図>
　コピーしたスライドを図として貼り付けます。

4 貼り付け先のプレゼンテーションを開いて、

5 貼り付ける場所をクリックし、

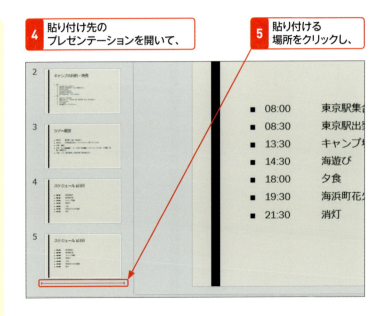

6 <ホーム>タブをクリックして、

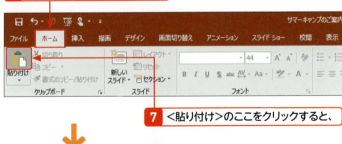

7 <貼り付け>のここをクリックすると、

8 スライドが貼り付けられます。

左上の「メモ」参照。

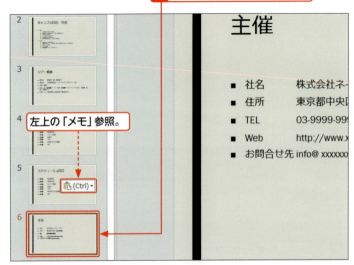

3 スライドを削除する

1 削除するスライドのサムネイルをクリックして選択し、

2 Delete を押すと、

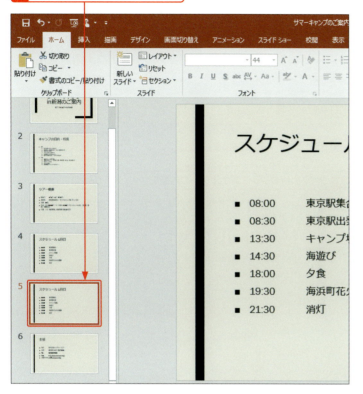

3 スライドが削除されます。

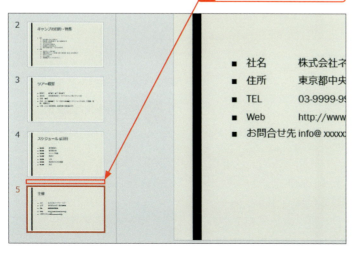

メモ ショートカットメニューの利用

目的のスライドを右クリックして、＜スライドの削除＞をクリックしても、スライドを削除できます。

ステップアップ 複数のスライドを削除する

標準表示モードの左側のスライドサムネイルや、スライド一覧表示モードでは、複数のスライドを選択し、まとめて削除することができます。
連続するスライドを選択するには、先頭のスライドをクリックして、Shift を押しながら末尾のスライドをクリックします。離れた位置にある複数のスライドを選択するには、Ctrl を押しながらスライドをクリックしていきます。

Section 90 スライドに文字を入力する

覚えておきたいキーワード
- ☑ タイトル
- ☑ コンテンツ
- ☑ テキスト

スライドを追加したら、スライドに**タイトル**と**テキスト**を入力します。ここでは、Sec.11で挿入した＜タイトルとコンテンツ＞のレイアウトのスライドに入力していきます。テキストを入力したら、必要に応じてフォントの種類やサイズ、色などの書式を変更します。

1 スライドのタイトルを入力する

メモ　スライドのタイトルの入力

「タイトルを入力」と表示されているプレースホルダーには、そのスライドのタイトルを入力します。プレースホルダーをクリックすると、カーソルが表示されるので、文字列を入力します。

1 タイトル用のプレースホルダーの内側をクリックすると、

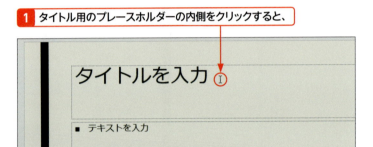

2 カーソルが表示されるので、

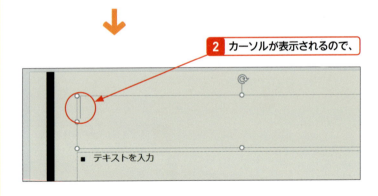

3 タイトルを入力します。

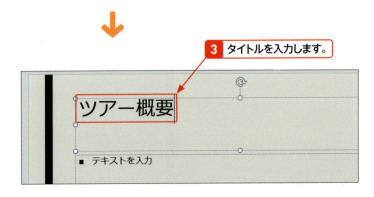

2 スライドのテキストを入力する

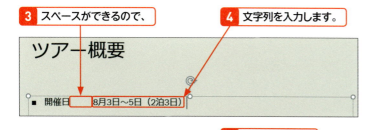

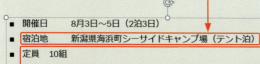

メモ テキストの入力

「テキストを入力」と表示されているプレースホルダーには、そのスライドの内容となるテキストを入力します。プレゼンテーションに設定されているテーマによっては、行頭に●や■などの箇条書きの行頭記号が付く場合があります。行頭記号の変更については、Sec.91で解説します。
また、コンテンツ用のプレースホルダーには、表やグラフ、画像などを挿入することもできます。

メモ タブの利用

Tabを押すと、スペースができます。手順3の画面のように、項目名と内容を同じ行に入力したい場合、タブを使ってスペースをつくり、タブの位置を調整することで、内容の左端を揃えることができます。

メモ 書式の設定

テキストを入力したら、必要に応じて、フォントの種類、サイズ、色などの書式を設定します。

Section 91 段落の行頭を設定する

覚えておきたいキーワード
☑ 行頭記号
☑ 箇条書き
☑ 段落番号

段落には、「■」や「●」などの行頭記号の付いた箇条書きや、「1．2．3．」や「Ⅰ．Ⅱ．Ⅲ．」のような段落番号を設定できます。また、あらかじめ設定されている行頭記号や段落番号の種類は、変更することも可能です。これらは＜ホーム＞タブの＜箇条書き＞または＜段落番号＞から設定します。

1 行頭記号の種類を変更する

メモ 段落の選択

右の手順では、プレースホルダー全体を選択していますが、特定の段落をドラッグして選択し、行頭記号を設定することもできます。なお、離れた段落を同時に選択するには、Ctrlを押しながら目的の段落を順にドラッグします。

1 プレースホルダーの枠線をクリックして選択し、

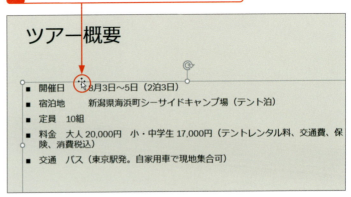

2 ＜ホーム＞タブの＜箇条書き＞のここをクリックして、

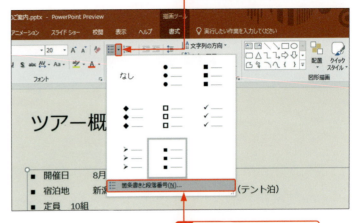

3 ＜箇条書きと段落番号＞をクリックします。

メモ 行頭記号の設定

行頭記号を設定するには、手順❸の画面で、一覧から目的の行頭記号をクリックするか、＜箇条書きと段落番号＞をクリックします。一覧に表示される行頭記号の種類は、プレゼンテーションに設定されているテーマやバリエーションによって異なります。また、＜箇条書きと段落番号＞ダイアログボックスでは、行頭記号の色やサイズを設定できます。

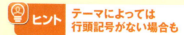

Section 91 段落の行頭を設定する

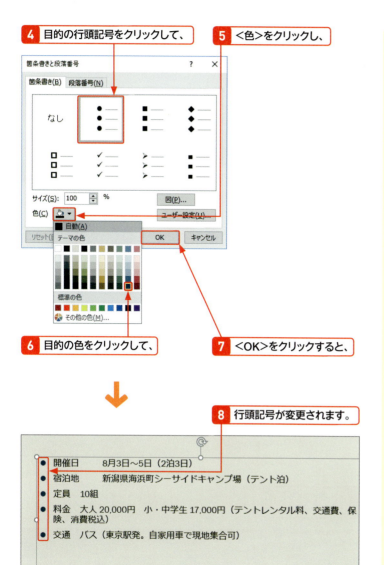

ヒント テーマによっては行頭記号がない場合も

設定しているテーマによっては、テキストに行頭記号が設定されていないことがあります。その場合も、左の手順で行頭記号付きの箇条書きに設定することができます。

ヒント 箇条書きを解除するには？

箇条書きを解除するには、目的の段落を選択し、＜ホーム＞タブの＜箇条書き＞ の をクリックします。

第9章 文字入力とスライドの操作

ヒント 段落番号を設定するには？

段落番号を設定するには、＜ホーム＞タブの＜段落番号＞ の をクリックして、目的の段落番号をクリックします。また、右図で＜箇条書きと段落番号＞をクリックすると、＜箇条書きと段落番号＞ダイアログボックスが表示され、段落番号の色やサイズ、開始番号を変更することができます。

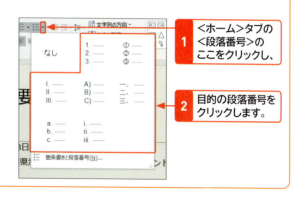

241

Section 92 フォントやフォントサイズを変更する

覚えておきたいキーワード
- ☑ フォント
- ☑ フォントサイズ
- ☑ ミニツールバー

スライドに入力した文字列は、フォントの種類やサイズを変更して、見やすくすることができます。文字列の書式は、プレースホルダー全体の文字列に対しても、プレースホルダー内の一部の文字列に対しても、設定できます。文字列の書式を変更するには、＜ホーム＞タブを利用します。

1 フォントの種類を変更する

メモ 文字列の選択

手順❶のようにプレースホルダーを選択すると、プレースホルダー全体の文字列の書式を変更することができます。
また、文字列をドラッグして選択すると、選択した文字列のみの書式を変更することができます。

❶ プレースホルダーの枠線をクリックしてプレースホルダーを選択し、

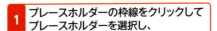

メモ フォントの種類はテーマによって異なる

あらかじめ設定されているフォントの種類は、テーマによって異なります。テーマのフォントパターンは、日本語用の見出しのフォントと本文のフォント、英数字用の見出しのフォントと本文のフォントによって構成されています。

❷ ＜ホーム＞タブをクリックして、

❸ ＜フォント＞のここをクリックし、

❹ 目的のフォントをクリックすると、

ステップアップ プレゼンテーション全体のフォントの種類の変更

プレゼンテーションのすべてのスライドタイトルや本文のフォントの種類を変更したい場合は、スライドを1枚1枚編集するのではなく、テーマのフォントパターンを変更します。

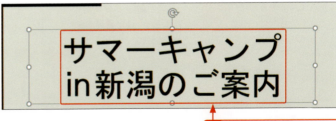

❺ フォントが変更されます。

2 フォントサイズを変更する

1 プレースホルダーの枠線をクリックして
プレースホルダーを選択し、

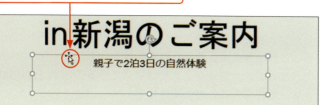

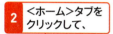

2 <ホーム>タブを
クリックして、

3 <フォントサイズ>の
ここをクリックし、

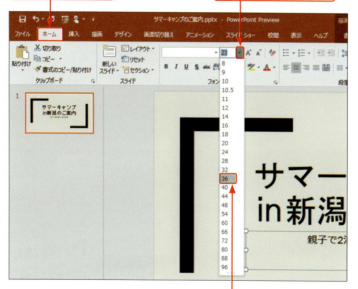

4 目的のフォントサイズを
クリックすると、

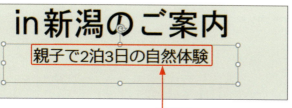

5 フォントサイズが
変更されます。

メモ フォントサイズの変更

<ホーム>タブの<フォントサイズ>では、8ポイントから96ポイントまでのサイズの中から選択できます。また、<フォントサイズ>のボックスに直接数値を入力し、[Enter]を押しても、フォントサイズを指定できます。

メモ ミニツールバーの利用

文字列を選択すると、すぐ右上にミニツールバーが表示されます。ミニツールバーを利用しても、書式を設定できます。

ステップアップ プレゼンテーション全体のフォントサイズの変更

プレゼンテーションのすべてのスライドタイトルや本文のフォントサイズを変更したい場合は、スライドを1枚1枚編集するのではなく、スライドマスターを変更します。

Section 93 文字色やスタイルを変更する

覚えておきたいキーワード
☑ フォントの色
☑ 色の設定
☑ スタイル

スライドに入力した文字列は色を変更したり、太字や斜体、影などのスタイルを設定したりすることができます。これらの書式は、＜ホーム＞タブの＜フォント＞グループで設定します。重要な文字列は目立たせることで、より効果的なプレゼンテーションを作成することができます。

1 フォントの色を変更する

メモ フォントの色の変更

フォントの色は、＜ホーム＞タブの＜フォントの色＞ の をクリックして表示されるパネルで色を指定します。
なお、文字列を選択して＜フォントの色＞ の をクリックすると、直前に選択した色を繰り返し設定することができます。

ヒント その他のフォントの色を設定するには？

＜フォントの色＞ の をクリックすると表示されるパネルには、スライドに設定されたテーマの配色と、標準の色10色だけが用意されています。
その他の色を設定するには、手順4で＜その他の色＞をクリックして＜色の設定＞ダイアログボックス（下図参照）を表示し、目的の色を選択します。

1 プレースホルダーの枠線をクリックしてプレースホルダーを選択し、

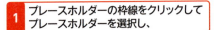

2 ＜ホーム＞タブをクリックして、

3 ＜フォントの色＞のここをクリックし、

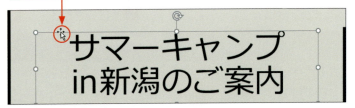

4 目的の色をクリックすると、

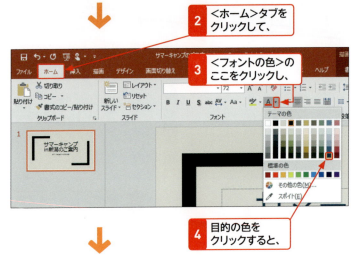

5 フォントの色が変更されます。

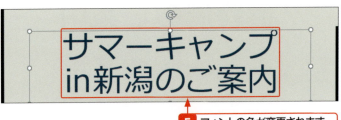

2 文字列にスタイルを設定する

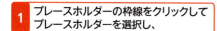
プレースホルダーの枠線をクリックして
プレースホルダーを選択し、

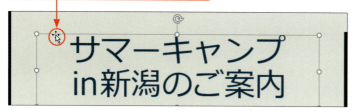

2 <ホーム>タブをクリックして、

3 <文字の影>をクリックすると、

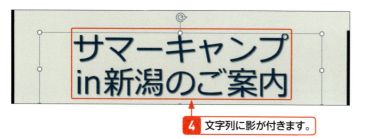

4 文字列に影が付きます。

メモ スタイルの設定

文字列の強調などを目的として、「太字」や「斜体」、「下線」などを設定することができますが、これは文字書式の一種で「スタイル」と呼ばれます。

スタイルの設定は、<ホーム>タブの<太字> B 、<斜体> I 、<下線> U 、<文字の影> S 、<取り消し線> abc で行えます（下図参照）。なお、<文字の影>以外のスタイルの設定は<フォント>ダイアログボックス（下の「ステップアップ」参照）でも行えます。

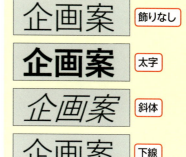

ステップアップ <フォント>ダイアログボックスの利用

フォントの種類や文字のサイズなどの書式をまとめて設定するには、<ホーム>タブの<フォント>グループのダイアログボックス起動ツール をクリックして<フォント>ダイアログボックスを表示します。ここでは、下線のスタイルや色、上付き文字など、<ホーム>タブにない書式も設定することができます。

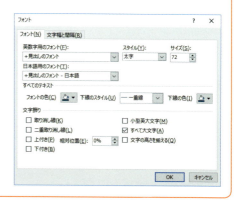

Section 94 本文を段組みにする

覚えておきたいキーワード
- ☑ 段組み
- ☑ 自動調整オプション
- ☑ プレースホルダー

テキストは、複数の段組みにすることができます。テキストの行数が多くて＜自動調整オプション＞が表示されている場合は、そこから2段組みに変更することができます。また、＜ホーム＞タブの＜段の追加または削除＞からも段組みを設定できます。

1 ＜自動調整オプション＞から2段組みにする

> **メモ ＜自動調整オプション＞の利用**
>
> テキストの量が多く、プレースホルダーに収まらなくなると、既定ではフォントサイズが調整され、プレースホルダーの左下に＜自動調整オプション＞が表示されます。
> ＜自動調整オプション＞をクリックして、＜スライドを2段組に変更する＞をクリックすると、テキストが2段組みに変更されます。

1 プレースホルダーの内側をクリックして、

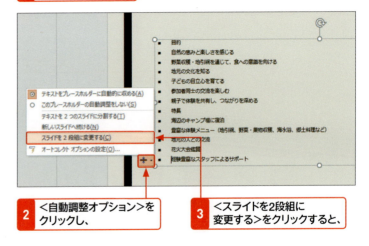

2 ＜自動調整オプション＞をクリックし、

3 ＜スライドを2段組に変更する＞をクリックすると、

4 プレースホルダーのテキストが2段組みに変更されます。

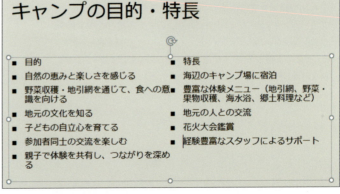

> **ステップアップ テキストを2つのスライドに分割する**
>
> テキストの量が多くてプレースホルダーに収まらない場合、手順❸で＜テキストを2つのスライドに分割する＞をクリックすると、テキストを2つのスライドに分けることができます。

Chapter 10

第10章

図表や画像の挿入

Section	95	図形を描く
	96	図形を移動・コピーする
	97	図形の大きさや形を変更する
	98	図形の線や色を変更する
	99	図形の中に文字列を入力する
	100	図形の重なる順番を調整する
	101	SmartArtで図表を作成する
	102	画像を挿入する
	103	動画を挿入する
	104	Excelのグラフを貼り付ける

Section 95 図形を描く

覚えておきたいキーワード
- ☑ 楕円
- ☑ 正方形／長方形
- ☑ 描画モードのロック

PowerPointでは、四角形や円などの基本的な図形はもちろん、星や吹き出しといった複雑な図形も、かんたんに作成することができます。このセクションでは、既定の大きさの図形を作成する方法と、任意の大きさの図形を作成する方法を解説します。

1 既定の大きさの図形を作成する

ヒント 図形の大きさを変更するには？

作成した図形の大きさをあとから変更するには、図形の周囲に表示されている白いハンドル○をドラッグします（Sec.97参照）。

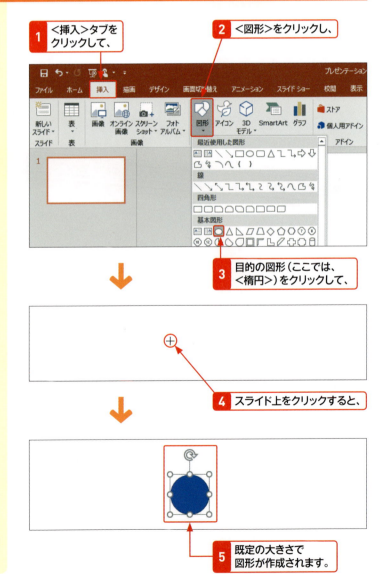

1. <挿入>タブをクリックして、
2. <図形>をクリックし、
3. 目的の図形（ここでは、<楕円>）をクリックして、
4. スライド上をクリックすると、
5. 既定の大きさで図形が作成されます。

ヒント 図形を削除するには？

図形を削除するには、図形をクリックして選択し、を押します。

2 任意の大きさの図形を作成する

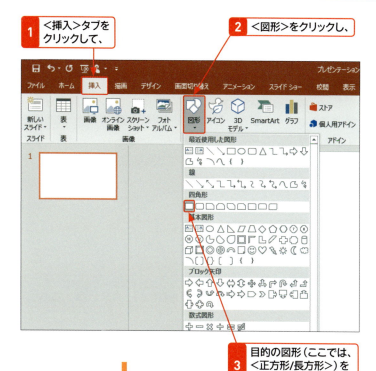

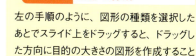

メモ ドラッグによる図形の作成

左の手順のように、図形の種類を選択したあとでスライド上をドラッグすると、ドラッグした方向に目的の大きさの図形を作成することができます。
このとき、Shift を押しながらドラッグすると、縦横の比率を変えずに、目的の大きさで図形を作成できます。

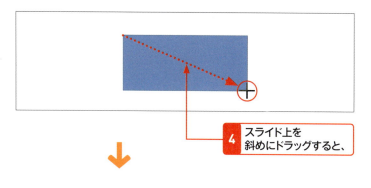

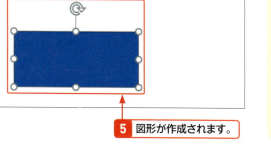

ヒント 同じ図形を続けて作成するには？

手順3で目的の図形を右クリックし、＜描画モードのロック＞をクリックすると、同じ図形を続けて作成することができます。
図形の作成が終わったら、Esc を押すと、マウスポインターが元の形に戻ります。

Section 96 図形を移動・コピーする

覚えておきたいキーワード
☑ 移動
☑ コピー・貼り付け
☑ クリップボード

作成した図形は、ドラッグして自由に移動することができます。また、同じ色や形、大きさの図形が必要な場合は、図形のコピーを作成すると、何度も同じ図形を作成する手間が省けます。図形の移動やコピーは、同じスライドだけでなく、他のスライドへも行うことができます。

1 図形を移動する

メモ 図形の移動

Shift を押しながらドラッグすると、図形を水平・垂直方向に移動できます。
右の手順のほかに、図形を選択し、↑↓←→ を押しても図形を移動することができます。

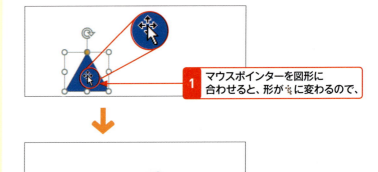

メモ コマンドの利用

図形をクリックして選択し、<ホーム>タブの<切り取り>をクリックして、<貼り付け>のアイコン部分  をクリックしても、図形を移動することができます。
貼り付ける前に移動先のスライドを選択すると、選択したスライドに図形が移動します。

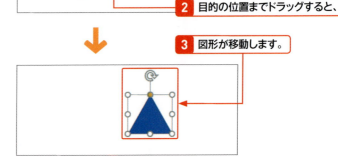

2 図形をコピーする

メモ 図形のコピー

Shift と Ctrl を同時に押しながらドラッグすると、水平・垂直方向に図形のコピーを作成することができます。

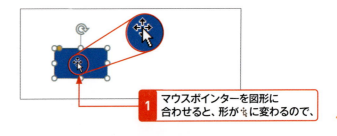

第10章 図表や画像の挿入

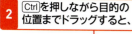
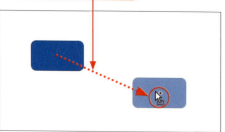

> **メモ　コマンドの利用**
>
> 図形をクリックして選択し、＜ホーム＞タブの＜コピー＞をクリックして、＜貼り付け＞のアイコン部分 📋 クリックしても、図形をコピーすることができます。
> 貼り付ける前にコピー先のスライドを選択すると、選択したスライドに図形がコピーされます。

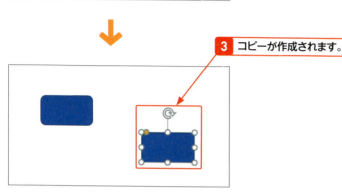

ステップアップ　クリップボードの利用

「クリップボード」とは、＜切り取り＞や＜コピー＞をクリックしたときに、切り取った、またはコピーしたデータが一時的に保管される場所のことです。

クリップボードは、Windowsの機能の1つで、文字列など、データの種類によっては異なるアプリケーションに貼り付けることもできます。Windowsのクリップボードには1つのデータしか保管できませんが、Officeのアプリケーションでは最大24個までのデータを保管できる「Officeクリップボード」を利用できます。Officeクリップボードに保管されているデータは、すべてのOfficeアプリケーションを終了するまで、データを再利用できます。

Officeクリップボードを利用するには、＜ホーム＞タブの＜クリップボード＞グループでダイアログボックス起動ツール 🔽 をクリックすると＜クリップボード＞が表示されるので、ここで貼り付けたいデータをクリックします。

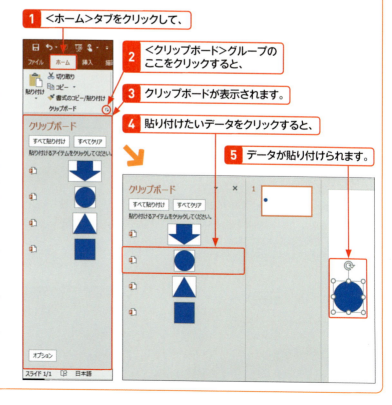

251

Section 97 図形の大きさや形を変更する

覚えておきたいキーワード
☑ ハンドル
☑ サイズ
☑ 形状

図形の大きさを変更するには、図形を選択すると周囲に表示される白いハンドルをドラッグします。また、角丸四角形の角の大きさや吹き出しの引き出し位置、ブロック矢印の矢の大きさなど、図形の形状を変更するには、黄色いハンドルをドラッグします。

1 図形の大きさを変更する

メモ 図形の大きさの変更

図形をクリックして選択すると周りに表示される白いハンドル ○ にマウスポインターを合わせると、マウスポインターの形が ↕ ⇔ ⤡ ⤢ に変わります。この状態でドラッグすると、図形のサイズを変更することができます。また、Shift を押しながらドラッグすると、図形の縦横比を変えずにサイズを変更することができます。

ステップアップ 図形のサイズを数値で指定する

図形をクリックして選択し、＜描画ツール＞の＜書式＞タブの＜図形の高さ＞ と＜図形の幅＞ それぞれのボックスに数値を入力すると、図形のサイズを数値で指定することができます。

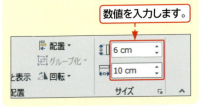

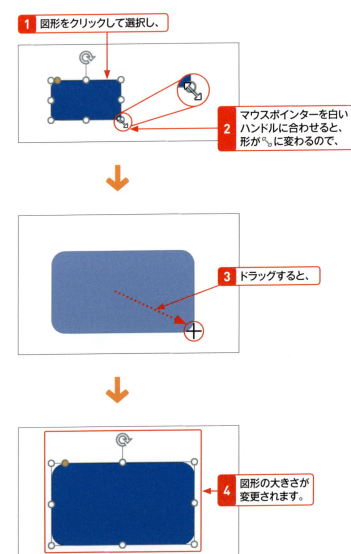

2 図形の形状を変更する

1 図形をクリックして選択し、

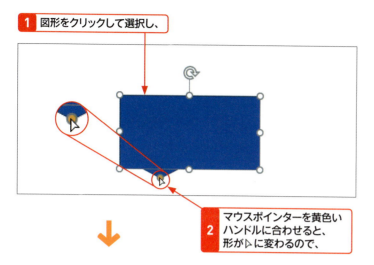

2 マウスポインターを黄色いハンドルに合わせると、形が▷に変わるので、

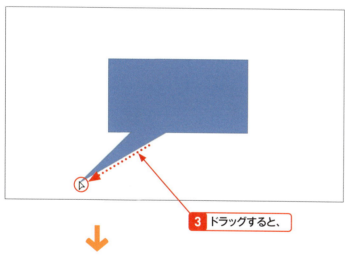

3 ドラッグすると、

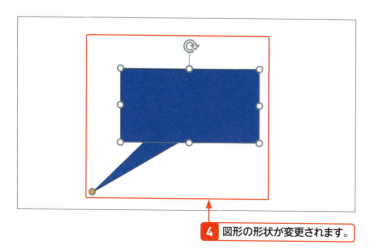

4 図形の形状が変更されます。

メモ 図形の形状の変更

角丸四角形や吹き出し、星、ブロック矢印など、図形の種類によっては、図形の形状を変更するための黄色いハンドル●が用意されています。

ステップアップ 図形の種類の変更

作成した図形は、楕円から四角形といったように、あとから種類を変更することができます。その場合は、図形を選択し、＜描画ツール＞の＜書式＞タブの＜図形の編集＞をクリックして、＜図形の変更＞をポイントし、目的の図形を選択します。

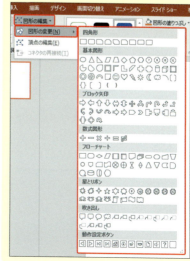

Section 98 図形の線や色を変更する

覚えておきたいキーワード
- ☑ 線の太さ
- ☑ 色の変更
- ☑ スポイト

図形の枠線や直線、曲線などの太さや種類は変更することができます。また、プレゼンテーションのポイントとなる図形には、特別な色を設定して強調すると効果的です。図形の塗りつぶしと枠線は、それぞれ自由な色を設定することができます。

1 線の太さを変更する

メモ 線の書式

図形の枠線や直線、曲線などの線の書式は、＜描画ツール＞の＜書式＞タブの＜図形の枠線＞で設定することができます。

ステップアップ 6ptよりも太い線に設定する

右の手順では、線の太さを6ptまでしか設定できません。6ptよりも太くしたい場合は、手順5で＜その他の線＞をクリックします。＜図形の書式設定＞作業ウィンドウが表示されるので、＜幅＞に数値を入力します。

ヒント 線の種類を変更するには？

線を破線や点線に変更したい場合は、手順4で＜実線／点線＞をポイントし、目的の線の種類をクリックします。

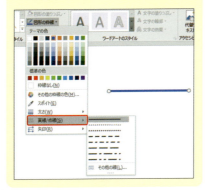

1 図形をクリックして選択し、

2 ＜描画ツール＞の＜書式＞タブをクリックして、

3 ＜図形の枠線＞のここをクリックし、

4 ＜太さ＞をポイントして、

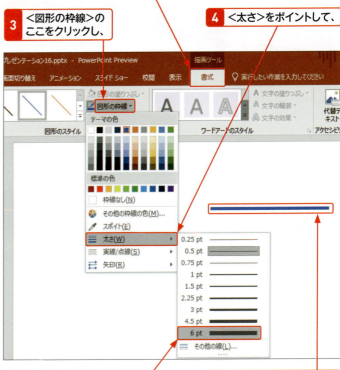

5 目的の太さ（ここでは、＜6pt＞）をクリックすると、

6 線の太さが変わります。

2 線や塗りつぶしの色を変更する

1 図形をクリックして選択し、

メモ 図形の色の変更

直線や曲線、図形の枠線の色は＜描画ツール＞の＜書式＞タブの＜図形の枠線＞から、図形の塗りつぶしの色は＜図形の塗りつぶし＞から変更できます。
＜テーマの色＞に表示されている色は、プレゼンテーションに設定されているテーマとバリエーションで使用されている配色です。＜テーマの色＞から色を選択した場合、テーマやバリエーションを変更すると、それに合わせて図形の色も変わります。

2 ＜描画ツール＞の＜書式＞タブをクリックして、

3 ＜図形の枠線＞のここをクリックし、

4 目的の色（ここでは、＜緑、アクセント6＞）をクリックします。

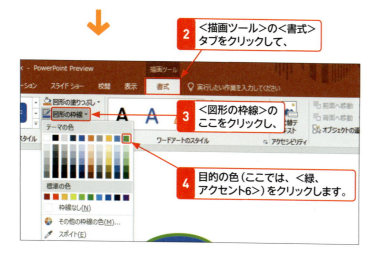

ヒント 線や塗りつぶしの色をなしにするには？

図形の枠線をなくしたい場合は、手順 **4** で＜枠線なし＞をクリックします。また、図形の色を透明にしたい場合は、手順 **6** で＜塗りつぶしなし＞をクリックします。

5 続けて＜図形の塗りつぶし＞のここをクリックし、

6 目的の色（ここでは、＜ゴールド、アクセント4、白+基本色60%＞）をクリックすると、

ステップアップ 目的の色が表示されない

目的の色が一覧に表示されない場合は、手順 **4** で＜その他の枠線の色＞や **6** で＜塗りつぶしの色＞をクリックします。＜色の設定＞ダイアログボックスが表示されるので、目的の色をクリックし、＜OK＞をクリックします。

7 図形の枠線と塗りつぶしの色が変更されます。

ステップアップ 他のオブジェクトと同じ色にする

他の図形や画像などと色を同じにしたい場合は、手順 **4** や **6** で＜スポイト＞をクリックし、他のオブジェクトの目的の色の部分をクリックします。

Section 99 図形の中に文字列を入力する

覚えておきたいキーワード
☑ 文字列の入力
☑ 文字列の書式
☑ 文字のオプション

楕円や長方形、三角形などの図形には、文字列を入力することができます。図形に文字列を入力するには、図形を選択して、そのまま文字列を入力します。また、入力した文字列は、<ホーム>タブでフォントの種類やサイズ、色などの書式を設定できます。

1 作成した図形に文字列を入力する

図形への文字列の入力

線以外の図形には、文字列を入力できます。文字列は、図形をクリックして選択すれば、そのまま入力できます。

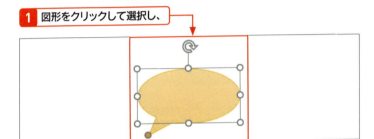

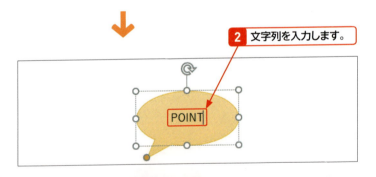

2 文字列の書式を変更する

図形の文字列の書式設定

図形に入力した文字列の書式は、プレースホルダーの文字列と同様、<ホーム>タブで設定できます。

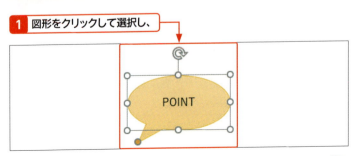

第10章 図表や画像の挿入

256

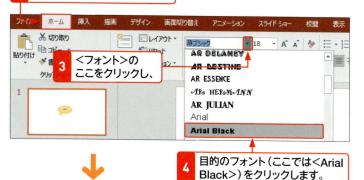

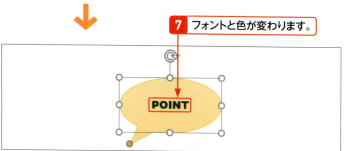

> **ヒント** 一部の文字列の書式を変更するには？
>
> 図形を選択してから書式を変更すると、図形に入力した文字列全体に変更が適用されます。一部の文字列の書式を変更するには、目的の文字列をドラッグして選択してから、書式を設定します。

ステップアップ 文字列の周囲の余白や配置

図形に入力した文字列の周囲の余白や、文字列の垂直方向の配置などを設定するには、図形を選択し、＜描画ツール＞の＜書式＞タブの＜図形のスタイル＞グループのダイアログボックス起動ツール をクリックします。
＜図形の書式設定＞作業ウィンドウが表示されるので、＜文字のオプション＞をクリックして、＜テキストボックス＞ をクリックし、目的の項目を設定します。

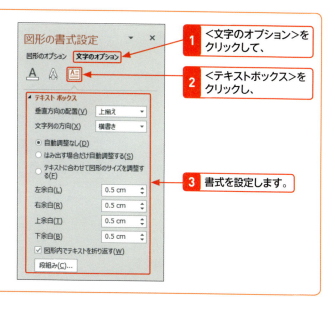

Section 99 図形の中に文字列を入力する

第10章 図表や画像の挿入

257

Section 100 図形の重なる順番を調整する

覚えておきたいキーワード
- ☑ 前面へ移動
- ☑ 背面へ移動
- ☑ <選択>ウィンドウ

図形を複数作成すると、新しく描かれたものほど前面に表示されます。重なった図形は、前後の順序を変更することができます。また、前面の図形に隠れて選択できない図形は、<選択>ウィンドウを利用すると、選択できるようになります。

1 図形の重なり順を変更する

メモ <ホーム>タブの利用

<ホーム>タブの<配置>をクリックして、<オブジェクトの順序>から目的の項目をクリックしても、図形の重なり順を変更することができます。

1 目的の図形をクリックして選択し、

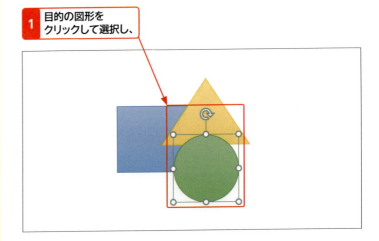

ヒント 最背面に移動するには?

選択した図形を最背面に移動するには、手順 4 で<最背面へ移動>をクリックします。

2 <描画ツール>の<書式>タブをクリックして、

3 <背面へ移動>のここをクリックし、

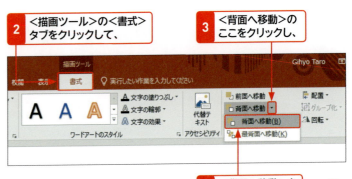

4 <背面へ移動>をクリックすると、

ヒント 前面に移動するには?

選択した図形を前面に移動するには、手順 3 の画面で<前面へ移動>の▼をクリックし、<前面へ移動>をクリックします。また、<最前面へ移動>をクリックすると、最前面へ移動させることができます。

5 図形が1段階背面へ移動します。

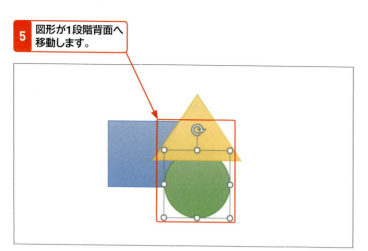

ステップアップ　<選択>ウィンドウの利用

<ホーム>タブの<選択>をクリックして、<オブジェクトの選択と表示>をクリックすると、<選択>ウィンドウが表示されます。スライド上のオブジェクトが一覧で表示されるので、目的のオブジェクトをクリックして選択できます。背後に隠れて見えない図形を選択するときなどに便利です。

1 <ホーム>タブの<選択>をクリックし、

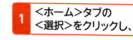

2 <オブジェクトの選択と表示>をクリックして、

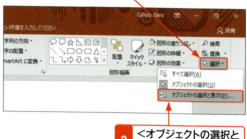

3 目的の図形をクリックすると、

4 図形が選択されます。

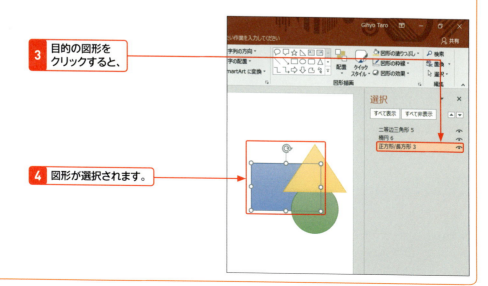

Section 100 図形の重なる順番を調整する

第10章 図表や画像の挿入

259

Section 101 SmartArtで図表を作成する

覚えておきたいキーワード
☑ SmartArtの挿入
☑ レイアウト
☑ 文字列の入力

SmartArtで図表を作成するには、レイアウトを選択して、文字列を入力します。文字列は、各図形に直接入力します。ここでは、＜手順＞の＜開始点強調型プロセス＞のレイアウトを利用してSmartArtを挿入し、文字列を入力する方法を解説します。

1 SmartArtを挿入する

メモ ＜挿入＞タブの利用

SmartArtは、＜挿入＞タブの＜SmartArt＞をクリックしても挿入できます。

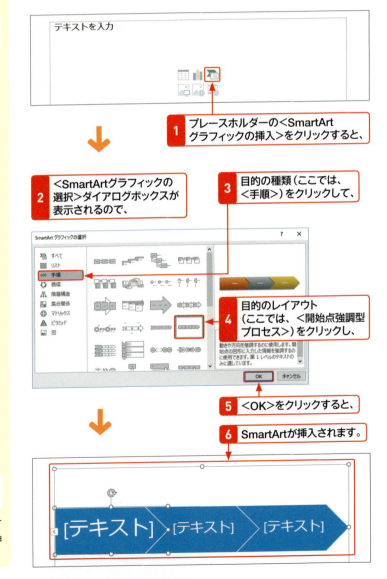

1 プレースホルダーの＜SmartArtグラフィックの挿入＞をクリックすると、

2 ＜SmartArtグラフィックの選択＞ダイアログボックスが表示されるので、

3 目的の種類（ここでは、＜手順＞）をクリックして、

4 目的のレイアウト（ここでは、＜開始点強調型プロセス＞）をクリックし、

5 ＜OK＞をクリックすると、

6 SmartArtが挿入されます。

メモ テーマによって色が異なる

挿入されたSmartArtの色は、プレゼンテーションに設定されているテーマやバリエーションによって異なります。

2 SmartArtに文字列を入力する

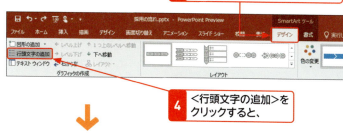

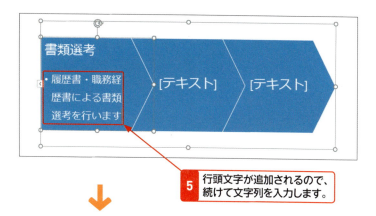

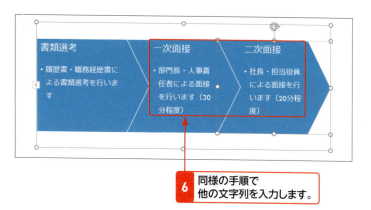

メモ SmartArtへの文字列の入力

SmartArtに文字列を入力するには、各図形をクリックして選択し、文字列を直接入力します。

ヒント 箇条書きの項目数を減らすには？

レイアウトによっては、あらかじめ箇条書きが設定されている場合があります。設定されている箇条書きの項目数が多い場合は、箇条書きの行頭文字を削除します。
箇条書きの行末にカーソルを移動して、Deleteを押すと、次の箇条書きの行頭記号が削除されます。

メモ SmartArtの文字列の書式設定

SmartArtに入力した文字列の書式は、プレースホルダーのテキストと同様、<ホーム>タブで変更できます。

Section 102 画像を挿入する

覚えておきたいキーワード
☑ 図
☑ オンライン画像
☑ Bing

スライドには、デジタルカメラで撮影した画像やグラフィックソフトで作成した画像など、**さまざまな画像を挿入**できます。また、マイクロソフトが提供する検索サービス「Bing」を利用して、キーワードから**インターネット上の画像を検索して挿入**することも可能です。

1 パソコン内の画像を挿入する

メモ <挿入>タブの利用

<挿入>タブの<画像>をクリックしても、<図の挿入>ダイアログボックスが表示され、画像を挿入することができます。
この場合、空のコンテンツのプレースホルダーがある場合はプレースホルダーに画像が配置され、空のコンテンツのプレースホルダーがない場合はプレースホルダー以外の場所に画像が配置されます。

メモ 使用できる画像のファイル形式

スライドに挿入できる画像のファイル形式は、次のとおりです（かっこ内は拡張子）。

・Windows 拡張メタファイル（.emf）
・Windows メタファイル（.wmf）
・JPEG 形式（.jpg）
・PNG 形式（.png）
・Windows ビットマップ（.bmp）
・GIF 形式（.gif）
・圧縮 Windows 拡張メタファイル（.emz）
・圧縮 Windows メタファイル（.wmz）
・圧縮 Macintosh PICT ファイル（.pcz）
・TIFF 形式（.tif）
・スケーラブルベクターグラフィックス（.svg）
・PICT 形式（.pct）

1 プレースホルダーの<図>をクリックして、

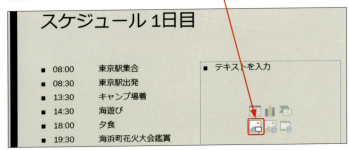

2 画像の保存場所を指定し、

3 目的の画像ファイルをクリックして、

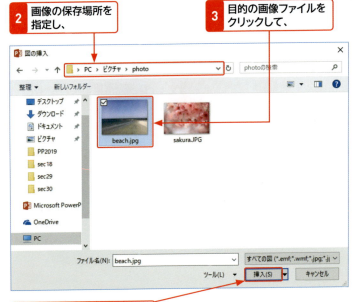

4 <挿入>をクリックすると、

5 画像が挿入されます。

メモ 画像の移動やサイズ変更

挿入された画像は、図形と同様の手順で移動したり、サイズを変更したりできます（Sec.96、97参照）。

Section 102 画像を挿入する

メモ オンライン画像を挿入する

スライドには、インターネットで検索した画像を挿入することもできます。その場合は、プレースホルダーの＜オンライン画像＞アイコンや＜挿入＞タブの＜オンライン画像＞をクリックします。ボックスにキーワードを入力し、Enter を押すと、検索結果が表示されます。目的の画像をクリックし、＜挿入＞をクリックすると、スライドの画像が挿入されます。

なお、Bingで検索される画像は、既定では「クリエイティブ・コモンズ・ライセンス」という著作権ルールに基づいている作品です。作品のクレジット（氏名、作品タイトルなど）を表示すれば改変や営利目的の二次利用も可能なもの、クレジットを表示すれば非営利目的に限り改変や再配布が可能なものなど、作品によって使用条件が異なるので、画像をプレゼンテーションで使用したり、配布したりする際には注意が必要です。

1 キーワードを入力して、

2 Enter を押すと、

3 検索結果が表示されます。

ここをクリックすると、さまざまな条件で検索結果を絞り込めます。

4 目的の画像をクリックして、

5 ＜挿入＞をクリックすると、画像が挿入されます。

第10章 図表や画像の挿入

Section 103 動画を挿入する

覚えておきたいキーワード
- ビデオの挿入
- 動画の再生
- YouTube

スライドには、デジタルビデオカメラで撮影した動画や、作成した動画ファイルなどを挿入することができます。また、インターネット上の動画サイト「YouTube」でキーワード検索を行って目的の動画を探して、挿入することも可能です。

1 パソコン内の動画を挿入する

メモ ＜挿入＞タブの利用

＜挿入＞タブの＜ビデオ＞をクリックし、＜このコンピューター上のビデオ＞をクリックしても、＜ビデオの挿入＞ダイアログボックスを表示させることができます。

1 動画を挿入するスライドを表示して、

2 プレースホルダーの＜ビデオの挿入＞をクリックし、

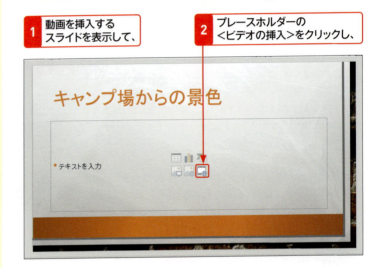

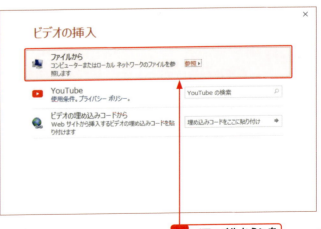

3 ＜ファイルから＞をクリックします。

ヒント インターネット上の動画を挿入するには？

インターネット上の動画を挿入するには、手順3の画面で、＜YouTube＞のボックスにキーワードを入力して Enter を押します。キーワードに該当する動画が検索されるので、目的の動画をクリックして、＜挿入＞をクリックします。また、＜ビデオの埋め込みコードから＞のボックスに埋め込みコードを入力して、インターネット上の動画を挿入することもできます。
なお、インターネット上の動画をプレゼンテーションで使用したり、配布したりする際には、動画の著作権に注意してください。

使用できる動画の ファイル形式

スライドに挿入できる動画のファイル形式は、次のとおりです（かっこ内は拡張子）。

・Windows Media file（.asf）
・Windows video file（.avi）
・MK3D Video（.mk3d）
・MKV Video（.mkv）
・QuickTime Movie file（.mov）
・MP4 Video（.mp4）
・Movie File（.mpeg）
・MPEG-2 TS Video（.m2ts）
・Windows Media Video Files（.wmv）

4 ファイルが保存されている場所を指定して、
5 目的のファイルをクリックし、
6 ＜挿入＞をクリックすると、
7 動画が挿入されます。
クリックすると、動画が再生されます。

動画を削除するには？

挿入した動画を削除するには、スライド上の動画をクリックして選択し、Deleteを押します。

動画の再生開始

初期設定では、スライドショー実行時にスライドをクリックするか、動画の画面下に表示される▶をクリックすると、動画が再生されます。スライドが切り替わったときに自動的に動画が再生されるようにするには、動画をクリックして選択し、＜ビデオツール＞の＜再生＞タブの＜開始＞で＜自動＞をクリックします。

1 ＜ビデオツール＞の＜再生＞タブをクリックして、
2 ＜開始＞のここをクリックし、
3 ＜自動＞をクリックします。

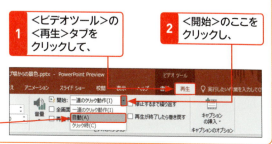

Section 104 Excelのグラフを貼り付ける

スライドには、Excelで作成したグラフをコピーして貼り付けることができます。スライドにグラフを貼り付けると、グラフの右下に＜貼り付けのオプション＞が表示されるので、クリックして、グラフの貼り付け方法を選択することができます。

覚えておきたいキーワード
☑ グラフの貼り付け
☑ グラフの編集
☑ 貼り付けのオプション

1 グラフを貼り付ける

 メモ グラフのコピーと貼り付け

グラフのコピーは Ctrl + C を、貼り付けは Ctrl + V を押してもできます。

① Excelのグラフをクリックして選択し、

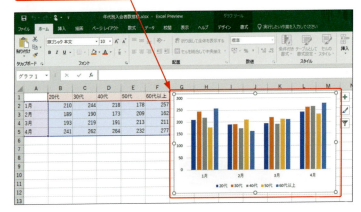

② ＜ホーム＞タブをクリックして、

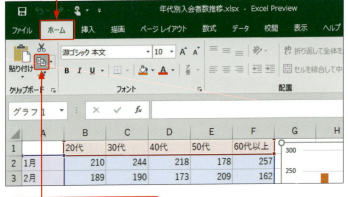

③ ＜コピー＞をクリックします。

4 PowerPointで貼り付ける
スライドを表示して、

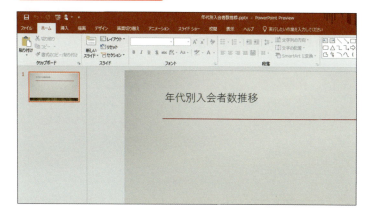

5 <ホーム>タブをクリックし、

6 <貼り付け>の
ここをクリックすると、

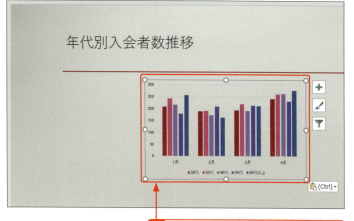

7 Excelのグラフが貼り付け先の
テーマに合わせて貼り付けられます。

ステップアップ　貼り付けたグラフの編集

貼り付けたグラフは、PowerPointで作成したグラフと同様の操作で編集できます。

メモ　<貼り付けのオプション>の利用

グラフを貼り付けると右下に表示される<貼り付けのオプション> をクリックすると、<貼り付け先のテーマを使用しブックを埋め込む>、<元の書式を保持しブックを埋め込む>、<貼り付け先テーマを使用しデータをリンク>、<元の書式を保持しデータをリンク>、<図>のいずれかから、貼り付ける形式を選択できます。
なお、貼り付けのオプションは、<ホーム>タブの<貼り付け>の下部分をクリックしても選択できます。

Section 104 Excelのグラフを貼り付ける

2 Excelとリンクしたグラフを貼り付ける

> **ヒント　リンク元のファイルを開くには？**
>
> リンク貼り付けしたグラフのリンク元のファイルを開くには、グラフをダブルクリックします。

1 Excelのグラフをコピーして、PowerPointで貼り付けるスライドを表示し、

2 <ホーム>タブをクリックして、

3 <貼り付け>のここをクリックし、

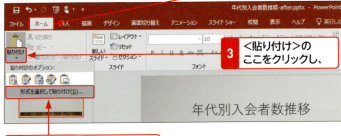

4 <形式を選択して貼り付け>をクリックします。

5 <リンク貼り付け>をクリックして、

6 <Microsoft Excelグラフオブジェクト>をクリックし、

7 <OK>をクリックすると、

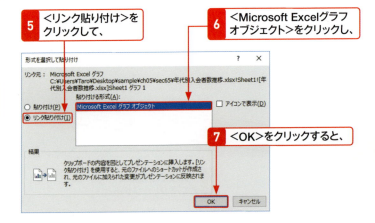

> **ヒント　リンク元のファイルを編集すると？**
>
> リンク元のファイルを編集すると、貼り付け先のファイルを開くときに、下図のメッセージが表示されます。<リンクを更新>をクリックすると、データが更新されます。
>
>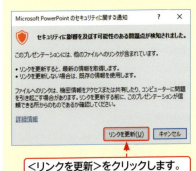
>
> <リンクを更新>をクリックします。

8 グラフがリンク貼り付けされます。

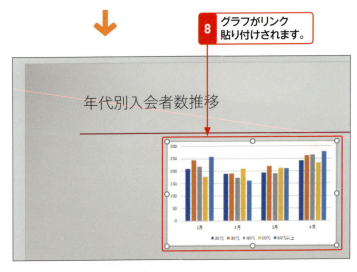

第10章　図表や画像の挿入

268

Chapter 11

第11章

プレゼンテーションと印刷

105 スライド切り替え時の効果を設定する

106 テキストや図形にアニメーションを設定する

107 発表者ツールを使ってスライドショーを実行する

108 スライドショーを進行する

109 スライドを印刷する

Section 105 スライド切り替え時の効果を設定する

覚えておきたいキーワード
- ☑ アニメーション効果
- ☑ 画面切り替え効果
- ☑ 効果のオプション

スライドが次のスライドへ切り替わるときに、「画面切り替え効果」というアニメーション効果を設定することができます。画面切り替え効果は、＜画面切り替え＞タブで設定します。スライドが切り替わる方向などは、＜効果のオプション＞で変更することができます。

1 画面切り替え効果を設定する

キーワード 画面切り替え効果

「画面切り替え効果」とは、スライドから次のスライドへ切り替わる際に、画面に変化を与えるアニメーション効果のことです。スライドが端から徐々に表示される「ワイプ」をはじめとする48種類から選択できます。

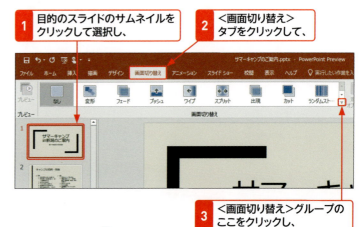

1 目的のスライドのサムネイルをクリックして選択し、
2 ＜画面切り替え＞タブをクリックして、
3 ＜画面切り替え＞グループのここをクリックし、

メモ 画面切り替え効果を確認する

目的の画面切り替え効果をクリックすると、画面切り替え効果が1度だけ再生されるので、確認することができます。また、設定後に＜画面切り替え＞タブの＜プレビュー＞をクリックしても、画面切り替え効果を確認できます。

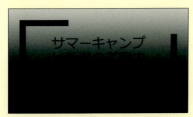

4 目的の画面切り替え効果をクリックすると、

第11章 プレゼンテーションと印刷

270

5 画面切り替え効果が設定されます。

画面切り替え効果が設定されていることを示すアイコンが表示されます。

メモ アイコンが表示される

画面切り替え効果やオブジェクトのアニメーション効果を設定すると、サムネイルウィンドウのスライド番号の下に、アイコン★が表示されます。

2 効果のオプションを設定する

1 <画面切り替え>タブをクリックして、

2 <効果のオプション>をクリックし、

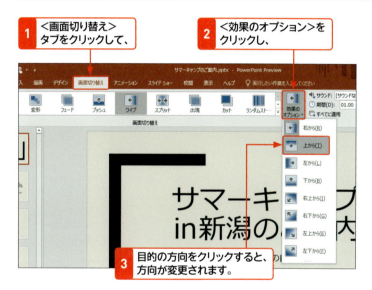

3 目的の方向をクリックすると、方向が変更されます。

メモ スライドの切り替わる方向の設定

スライドの切り替わる方向を変更するには、<画面切り替え効果>タブの<効果のオプション>から、目的の方向を選択します。

メモ 画面切り替え効果によって<効果のオプション>は異なる

設定している画面切り替え効果の種類によって、<効果のオプション>に表示される項目は異なります。たとえば、<キラキラ>を設定している場合は、右図のように形と方向を設定できます。

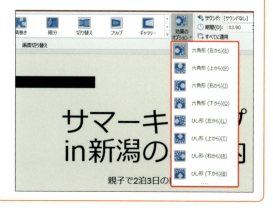

Section 105 スライド切り替え時の効果を設定する

第11章 プレゼンテーションと印刷

Section 106 テキストや図形にアニメーションを設定する

覚えておきたいキーワード
- ☑ アニメーション効果
- ☑ アニメーションの種類
- ☑ プレビュー

オブジェクトに注目を集めるには、「アニメーション」を設定して動きをつけます。このセクションでは、テキストが滑り込んでくる「スライドイン」のアニメーション効果を設定します。アニメーションの開始のタイミングや速度は、変更することができます。

1 アニメーションを設定する

メモ アニメーションの設定

テキストや図形、グラフなどのオブジェクトにアニメーションを設定するには、目的のオブジェクトを選択し、＜アニメーション＞タブから目的のアニメーションをクリックします。
＜アニメーション＞タブでは、アニメーションの効果の追加や設定の変更なども行うことができます。

テキストに開始のアニメーション「スライドイン」を設定します。

1 アニメーションを設定するプレースホルダーの枠線をクリックして選択し、

2 ＜アニメーション＞タブをクリックして、

3 ＜アニメーション＞グループのここをクリックし、

4 目的のアニメーション効果をクリックすると、

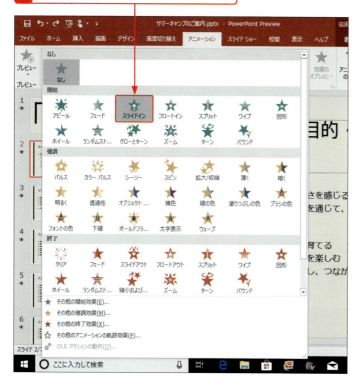

メモ アニメーションの種類

アニメーションには、大きくわけて次の4種類があります。
① ＜開始＞
オブジェクトを表示するアニメーションを設定します。
② ＜強調＞
スピンなど、オブジェクトを強調させるアニメーションを設定します。
③ ＜終了＞
オブジェクトを消すアニメーションを設定します。
④ ＜アニメーションの軌跡＞
オブジェクトを自由に動かすアニメーションを設定します。

なお、手順4で目的のアニメーションが一覧に表示されない場合は、＜その他の開始効果＞などをクリックすると表示されるダイアログボックスを利用します。

5 アニメーションが再生され、アニメーションが設定されます。

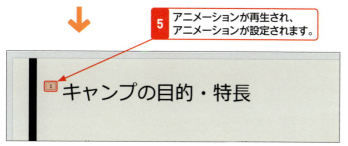

メモ アニメーションの再生順序

アニメーションを設定すると、スライドのオブジェクトの左側にアニメーションの再生順序が数字で表示されます。アニメーションは、設定した順に再生されます。
なお、この再生順序は、＜アニメーション＞タブ以外では非表示になります。

2 アニメーション効果を確認する

1 ＜アニメーション＞タブをクリックして、

メモ アニメーション効果の確認

＜アニメーション＞タブの＜プレビュー＞のアイコン部分をクリックすると、そのスライドに設定されているアニメーション効果が再生されます。

2 ＜プレビュー＞のここをクリックします。

Section 107 発表者ツールを使ってスライドショーを実行する

覚えておきたいキーワード
☑ 発表者ツール
☑ スライドショー
☑ プロジェクター

作成したスライドを1枚ずつ表示していくことを「スライドショー」といいます。パソコンを利用してプレゼンテーションを行う場合、一般的にはプロジェクターを接続します。また、発表者ツールを利用すれば、発表者はスライドやノートなどをパソコンで確認しながらプレゼンテーションを行えます。

1 発表者ツールを実行する

キーワード 発表者ツール

「発表者ツール」とは、スライドショーを実行するときに、パソコンに発表者用の画面を表示させる機能のことです。スライドやノート、スライドショーを進行させるための各ボタンが表示されます。
発表者ツールを利用せずにスライドショーを実行する場合は、<スライドショー>タブの<発表者ツールを使用する>をオフにします。

1 パソコンとプロジェクターを接続し、

2 <スライドショー>タブをクリックして、

3 <発表者ツールを使用する>をオンにします。

2 スライドショーを実行する

ヒント スライドショーの設定を行うには?

あらかじめ設定しておいたナレーションや、スライドの切り替えのタイミングを使用してスライドショーを実行する場合は、<スライドショー>タブの<ナレーションの再生>や<タイミングを使用>をオンにします。

1 <スライドショー>タブをクリックして、

2 <最初から>をクリックすると、

3 スライドショーが実行されます。

プロジェクターから
スライドショーが投影されます。

パソコンには発表者ツールが
表示されます。

スライドショーを進行するには？

スライドショーを進行する方法については、Sec.108 を参照してください。

プロジェクターに発表者ツールが表示される

プロジェクターに発表者ツール、パソコンにスライドショーが表示される場合は、発表者ツールの画面上の＜表示設定＞をクリックして＜発表者ツールとスライドショーの切り替え＞をクリックするか、スライドショー画面で下図の手順に従います。

1 ここをクリックして、

2 ＜表示設定＞をポイントし、

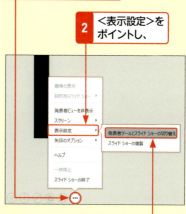

3 ＜発表者ツールとスライドショーの切り替え＞をクリックします。

メモ スライドショーの実行

スライドショーを開始する方法は、P.274 の手順以外に、F5 を押すか、クイックアクセスツールバーの＜先頭から開始＞ をクリックする方法もあります。この場合、常に最初のスライドからスライドショーが開始されます。
また、＜スライドショー＞タブの＜現在のスライドから＞またはウィンドウ右下の＜スライドショー＞ をクリックすると、現在表示されているスライドからスライドショーが開始されます。

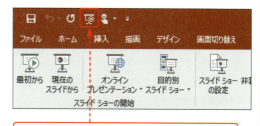

クリックすると、スライドショーが開始されます。

Section 108 スライドショーを進行する

覚えておきたいキーワード
☑ スライドショー
☑ 発表者ツール
☑ 一時停止

リハーサル機能などで、アニメーションの再生やスライドの切り替えのタイミングを設定している場合は、スライドショーを実行すると、自動的にアニメーションが再生されたり、スライドが切り替わったりします。手動でスライドを切り替えるには、画面上をクリックします。

1 スライドショーを進行する

メモ スライドショーの進行

アニメーションの再生のタイミングやスライド切り替えのタイミングを設定していない場合は、スライドをクリックすると、アニメーションが再生されたり、スライドが切り替わったりするので、最後のスライドが終わるまで、スライドをクリックしていきます。
あらかじめアニメーションの再生のタイミングやスライド切り替えのタイミングを設定している場合は、指定した時間が経過したら、自動的にアニメーションが再生されたり、スライドが切り替わったりします。

ヒント 前のスライドを表示するには？

前のスライドを表示するには、Pを押すか、発表者ツールの◀をクリックします。

ヒント スライドショーを一時停止するには？

スライドショーを一時停止するには、発表者ツールの❚❚をクリックするか、Sを押します。▶をクリックするか再度Sを押すと、スライドショーが再開されます。

1 発表者ツールを利用して、スライドショーを開始し、

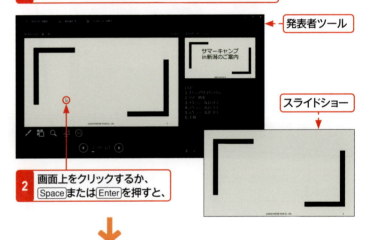

← 発表者ツール

→ スライドショー

2 画面上をクリックするか、SpaceまたはEnterを押すと、

3 アニメーションの再生が開始されます。

4 スライドショーが終わると、
黒い画面が表示されるので、

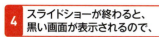

5 スライド上をクリックすると、
編集画面に戻ります。

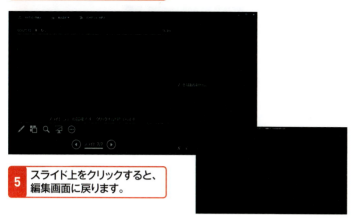

> **ヒント　スライドショーを中止するには？**
>
> スライドショーを中止するには、発表者ツールの＜スライドショーの終了＞をクリックするか、Escを押します。

メモ　発表者ツールの利用

発表者ツールでは、ボタンをクリックしてアニメーションの再生やスライドの切り替え、スライドショーの中断、再開、中止などを行うことができます。また、スライドショーの途中で黒い画面を表示させたり、ペンでスライドに書き込んだりすることも可能です。

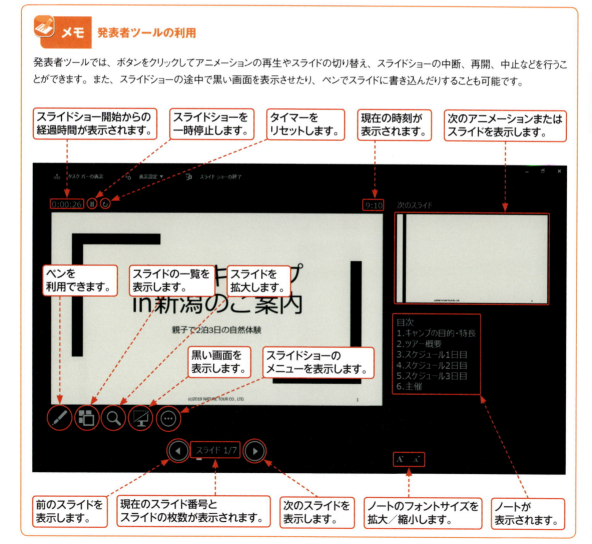

- スライドショー開始からの経過時間が表示されます。
- スライドショーを一時停止します。
- タイマーをリセットします。
- 現在の時刻が表示されます。
- 次のアニメーションまたはスライドを表示します。
- ペンを利用できます。
- スライドの一覧を表示します。
- スライドを拡大します。
- 黒い画面を表示します。
- スライドショーのメニューを表示します。
- 前のスライドを表示します。
- 現在のスライド番号とスライドの枚数が表示されます。
- 次のスライドを表示します。
- ノートのフォントサイズを拡大／縮小します。
- ノートが表示されます。

Section 109 スライドを印刷する

覚えておきたいキーワード
- 印刷
- 印刷プレビュー
- 配布資料

プレゼンテーションを行う際に、あらかじめスライドの内容を印刷したものを資料として参加者に配布しておくと、参加者は内容を理解しやすくなります。1枚の用紙にスライドを1枚ずつ配置したり、1枚の用紙に複数のスライドを配置したりして印刷できます。

1 スライドを1枚ずつ印刷する

メモ 印刷対象の選択

手順④では、次の4種類から印刷対象を選択することができます。

①フルページサイズのスライド
　スライドショーと同じ画面を印刷します。
②ノート
　ノートを付けて印刷します。
③アウトライン
　スライドのアウトラインを印刷します。
④配布資料
　1枚の用紙に複数枚のスライドを配置して印刷します（P.281参照）。

ヒント スライドに枠線を付けて印刷するには？

スライドに枠線を付けて印刷するには、手順④の画面で＜スライドに枠を付けて印刷する＞をクリックしてオンにします。

1 ＜ファイル＞タブをクリックして、

2 ＜印刷＞をクリックし、

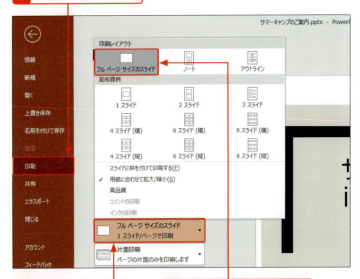

3 ここをクリックして、

4 ＜フルページサイズのスライド＞をクリックします。

5 ここをクリックして、

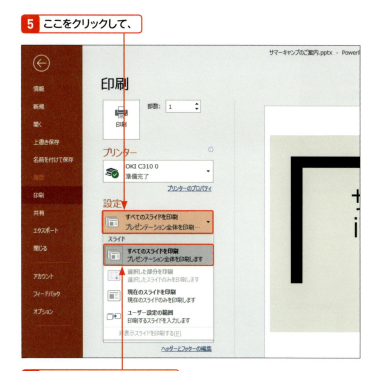

6 目的の印刷範囲をクリックし、

7 印刷プレビューを確認して（P.280の「メモ」参照）、

メモ　印刷範囲の選択

手順6では、次の4種類から印刷対象を選択することができます。

①すべてのスライドを印刷
　すべてのスライドを印刷します。
②選択した部分を印刷
　サムネイルウィンドウやスライド一覧表示モードで選択しているスライドを印刷します。
③現在のスライドを印刷
　現在表示しているスライドを印刷します。
④ユーザー設定の範囲
　下の＜スライド指定＞ボックスに入力した番号のスライドを印刷します。番号と番号の間は「,」（カンマ）で区切り、スライドが連続する範囲は、始まりと終わりの番号を「-」（ハイフン）で結びます。「1-3,5」と入力した場合、1、2、3、5番目のスライドが印刷されます。

ステップアップ プリンターのプロパティの設定

手順⑧の画面で＜プリンターのプロパティ＞をクリックすると、プリンターのプロパティが表示され、用紙の種類や印刷品質、給紙方法などを設定することができます。

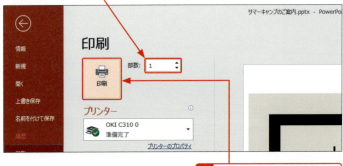

8 部数を入力し、

9 ＜印刷＞をクリックすると、

10 印刷が実行されます。

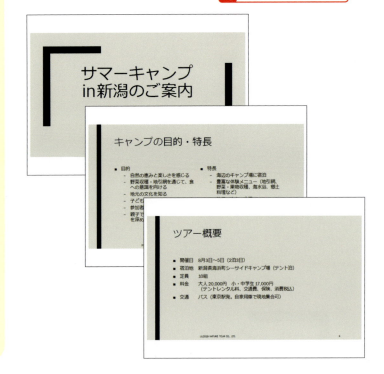

メモ 印刷プレビューの利用

＜ファイル＞タブの＜印刷＞パネルの右側には、印刷プレビューが表示され、スライドを印刷したときのイメージを確認することができます。

クリックすると、前のスライドまたは次のスライドを表示します。

スライダーをドラッグするかボタンをクリックすると、拡大／縮小されます。

クリックすると、ページ全体が表示されるように拡大／縮小されます。

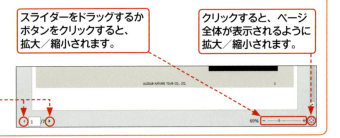

2 1枚に複数のスライドを配置して印刷する

1 ＜ファイル＞タブの＜印刷＜をクリックして、

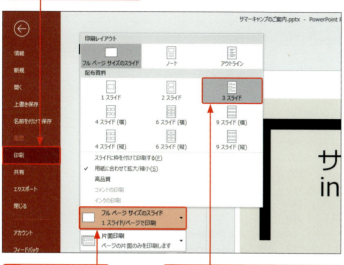

2 ここをクリックし、

3 1枚の用紙に印刷したいスライドの枚数をクリックすると、

> **メモ** 配布資料の印刷
>
> 複数のスライドを1枚の用紙に配置して、配布用の資料を作成するには、手順❸で＜配付資料＞グループから、1枚の用紙に印刷したいスライドの数を選択します。1枚の用紙に印刷できる最大のスライド枚数は9枚です。
> なお、＜3スライド＞を選択した場合のみ、スライドの横にメモ用の罫線が表示されます。

4 印刷プレビューの表示が切り替わります。

5 印刷部数を入力して、

6 ＜印刷＞をクリックすると、印刷が実行されます。

索引（Word）

英字

BackStageビュー	43
IMEパッド	56
Webページとして保存	45
Webレイアウト	45
Wordのオプション画面	44

あ行

アウトライン	45
アカウント	43
アプレット	56
イラストの削除	107
イラストの挿入	106
印刷	43, 118
印刷設定	119
印刷プレビュー	118
印刷レイアウト	44
インデント	88
インデントの解除	90
上書き保存	43
上書きモード	62
英字入力	48, 54
エクスポート	43
閲覧モード	44
オートコレクト	55
オートコレクトのオプション	82
大文字の入力	48, 54
大文字の連続入力	54
オブジェクト	100, 105
オプション	43

か行

改ページ	92
改ページ位置	92
改ページ位置の自動修正機能	93
改ページ位置の表示	93
学習ツール	45
確定した語句の再変換	53
確定した語句の変換	51
箇条書き	82
箇条書きの解除	83
下線	79
かな入力	49
画面構成	42
環境依存の文字	58
記号と特殊文字	59
境界線を引く	95

行数と列数	112
行頭文字	82
行頭文字の変更	83
行の選択	65
共有	43
均等割り付け	84
クイックアクセスツールバー	43
組み文字	59
グリッド線	103
クリップアート	106
クリップボード	46, 68
形式を選択して貼り付ける	98
検索文字列	72
検索機能の拡張	72
検索・置換条件	73

さ行

差し込み文書機能	41
サムネイル	47
字下げ	88
下書き	46
自動調整のオプション	112
写真の挿入	104
斜体	78
詳細設定	44
情報	43
ショートカットメニュー	71
書式のコピー	96
書式のコピーの終了	97
新規	43
垂直スクロールバー	43
垂直線	101
垂直ルーラー	43
水平線	101
水平ルーラー	43
ズームスライダー	43
図形の移動	102
図形のコピー	102
図形の書式設定	46
図形の挿入	100
ステータスバー	43
図の書式設定	46
図のスタイル	105
すべての書式をクリア	81
スマート検索	45
先頭を揃える	86
線の太さ	101
挿入モード	62
ソフトキーボードアプレット	56

282

た行

タイトルバー	43
タブ	42
タブ位置に揃える	86
タブ位置の変更	87
タブの削除	87
タブの挿入	86
段組み	94
単語登録	74
段数の指定	94
段落記号	43
段落の選択	66
段落を下げる	89
中央揃え	84
長辺と短辺	120
手書きアプレット	57
テキストボックス	108
テキストボックスのサイズ	109
特殊文字	59
閉じる	43

な行

ナビゲーションウィンドウ	46
名前を付けて保存	43
日本語入力	48, 50
入力オートフォーマット機能	44, 82
入力候補	51
入力モード	48

は行

配置ガイド	107
貼り付けのオプション	70, 98
半角英数	48, 54
左揃え	84
表示選択ショートカット	43, 44
表ツール	113
表の作成	112
ひらがな	48, 50
開く	43
ファイルの種類	45
ファンクションキー	53
フォントの変更	76
複文節	52
部数	119
フッター	116
太字	78
ぶら下げインデントマーカー	89

ブロック選択	67
文章校正	44
文章の削除	62
文書作成	40
文書の表示モード	44
文節	52
文の選択	65
ページ区切り	92
ページ設定	114
ページ番号	116
ヘッダー	116
変換	48
変換候補	51
変換対象の文節	52
編集記号	44, 86
フォントサイズの変更	77
本文だけを表示	46

ま行

右インデント	91
右揃え	84
ミニツールバー	47
文字一覧アプレット	56
文字数のカウント	63
文字装飾機能	41
文字の色	80
文字の上書き	63
文字の検索	72
文字の効果	81
文字の削除	61
文字の挿入	62
文字の置換	73
文字の同時選択	66
文字列の折り返し	107, 110
文字列の方向	109

や・ら行

用紙サイズ	114
余白	115
リアルタイムプレビュー	77
リボン	42
両端揃え	84
両面印刷	120
ルーラー	86
レイアウトオプション	101, 110
レイアウト機能	41
レベルの表示	45
ローマ字入力	49

索引（Excel）

記号・英字

-	128
$	186
%	127, 155
()	177
,	127, 154, 177
/	128
:	128, 177
=	176
¥	127, 154
AVERAGE関数	193
INT関数	191
ROUND関数	190
ROUNDDOWN関数	191
ROUNDUP関数	191

あ行

アクティブセル	126
アクティブセル領域	140
値の貼り付け	173
移動のキャンセル	144
印刷の向き	215
印刷範囲	220
インデント	157
上揃え	156
エラーの回避	187
オートフィル	130
オートフィルオプション	130, 132
オートフィルター	206

か行

カラースケール	174
カラーリファレンス	180
関数	177
関数の挿入	192
関数の分類	195
関数ライブラリ	192
行の高さ	157, 166
行番号	124
行・列の移動	147
行・列のコピー	146
行・列の削除	149

行・列の書式	149
行・列の選択	141
行・列の挿入	148
行列を入れ替える	172
切り上げ	191
切り捨て	191
クイック分析	209
グラフシート	125
グラフの色	213
グラフの作成	208
グラフのスタイル	213
グラフのレイアウト	212
クリア	137
クリップボード	145
形式を選択して貼り付け	172
罫線	164
罫線なし	172
検索範囲の指定	198
降順	202

さ行

サイズ変更ハンドル	211
最優先されるキー	203
算術演算子	176, 178
参照方式	184
参照方式の切り替え	185
シート	125
シート見出し	124
四捨五入	190
下揃え	156
斜体	159
縮小	218
上下中央揃え	156
条件付き書式	174
昇順	202
ショートカットメニュー	149
書式のクリア	137
書式のコピー	170
数式	172, 176
数式と値のクリア	136
数式バー	124, 179
すべてクリア	137
絶対参照	184, 186
セル	125

セル参照	168, 176, 180
セルに色を付ける	163
セルの移動方向	151
セルの結合	168
セルの結合の解除	169
セルの削除	151
セルの書式設定	154
セルのスタイル	163
セルの挿入	150
セルの表示形式	154
セル範囲の選択	138
セル範囲の変更	182
選択の解除	139
線のスタイル	165
相対参照	184
挿入オプション	149, 151

た行

置換範囲の指定	200
中央揃え	156, 168
通貨スタイル	127, 154
通貨表示形式	154
データ入力	126
データの移動	144
データの検索	198
データのコピー	130, 142
データの削除	136
データの修正	134
データの置換	200
データの並べ替え	202
データの貼り付け	142
データベース機能	123
テーマの色	163
デザインパーツ	123

な・は行

名前ボックス	124
塗りつぶしなし	163
パーセンテージスタイル	127, 155
貼り付けのオプション	143, 172
引数	177
引数の指定	193
左揃え	156, 169

日付スタイル	128
日付の間隔	132
表計算ソフト	122
表示桁数	155
標準の色	163
フィルター	206
フィルハンドル	130
フォント	161
フォントサイズ	160
複合参照	185, 188
ブック	125
太字	158
プリンターのプロパティ	217
べき乗	178

ま行

まとめて選択	141
右揃え	156
ミニツールバー	161
文字に色を付ける	162
文字の折り返し	157
文字のスタイル	158
元に戻す	134
元の書式を保持	172
戻り値	177

や～わ行

ユーザー設定リスト	133
用紙サイズ	215
横方向に結合	169
余白	216, 219
リンクされた図	172
リンク貼り付け	172
列幅	166
列幅の不足	128
列番号	124
連続データ	131
連続貼り付け	171
ワークシート	124, 152
ワークシート全体を選択	139
ワークシートの切り替え	152
ワークシートの追加	152
ワイルドカード文字	198

索引（PowerPoint）

記号・英数字

-	279
,	279
2つのスライドに分割する	246
3スライド	281
Bing	262
Excelのグラフ	266
Officeクリップボード	251
SmartArt	260
SmartArtの色	260
SmartArtの書式	261
YouTube	264

あ行

アイコン	271
アウトライン表示	224, 229
新しいスライド	230
アニメーション効果	270
アニメーションの軌跡	273
アニメーションの再生順序	273
アニメーションの種類	273
アニメーションの設定	272
印刷対象の選択	278
印刷範囲の選択	279
印刷プレビュー	280
閲覧表示	229
オンライン画像の挿入	263

か行

開始	273
重なる順番	258
飾りなし	245
箇条書き	240, 261
箇条書きの解除	241
箇条書きの項目数	261
下線	245
画像の挿入	262
画面切り替え効果	270

強調	273
行頭記号	240, 261
切り替わる方向の設定	271
クイックアクセスツールバー	226
グラフの貼り付け	266
クリエイティブ・コモンズ・ライセンス	263
現在のスライドから	275
効果のオプション	271
コマンド	250
コンテンツ	230

さ行

最背面へ移動	258
サムネイルウィンドウ	226
自動調整オプション	246
斜体	245
終了	273
順序の入れ替え	232
図	236
ズームスライダー	226
図形に文字を入力	256
図形の移動	250
図形の大きさ	248
図形の形状	253
図形のコピー	250
図形の削除	248
図形の種類の変更	253
ステータスバー	226, 229
スポイト	255
スライド	227
スライド一覧表示	229, 233
スライドウィンドウ	226
スライドサムネイル	230
スライドショー	274
スライドショーの一時停止	276
スライドショーの再開	276
スライドショーの進行	276
スライドショーの中止	277
スライドの切り替え	270
スライドのコピー	235

スライドの削除	237
スライドの複製	234
スライドマスター	243
先頭から開始	275
線の種類	254
線の書式	254
線の太さ	254

た・な行

タイトル	238
タイトルスライド	231
タイトルバー	226
タイマーのリセット	277
タイミングを使用	274
タブ	239
段組み	246
段落の設定	240
段落番号	241
著作権	263, 264
次のスライドを表示	277
テーマの色	255
テキストの書式設定	239
テキストの入力	239
動画の再生開始	265
動画の削除	265
動画の挿入	264
取り消し線	245
ナレーションの再生	274
塗りつぶしの色	255
ノートのフォントサイズ	277
ノート表示	229

は行

配布資料	278
配布資料の印刷	281
背面へ移動	258
発表者ツール	274
発表者用のメモ	229
貼り付け先のテーマ	236

貼り付けのオプション	267
描画ツール	253
描画モードのロック	249
表示設定	275
表示モード	228
標準表示	228
ファイル形式	262, 265
フォントサイズ	243
フォントの色	244
フォントの種類	242
フォントパターン	242
複数のスライドの印刷	281
複数のスライドの削除	237
太字	245
プリンターのプロパティ	280
フルページサイズのスライド	278
プレースホルダー	227
プレゼンテーション	224
プレビュー	273
プロジェクター	275
ペンの利用	277

ま～わ行

前のスライドを表示	276
ミニツールバー	243
文字のオプション	257
文字の影	245
文字のスタイル	245
元の書式を保持	236
ユーザー設定の範囲	279
用紙の種類	280
余白	257
リハーサル機能	276
リボン	226
リンク貼り付け	268
リンク元のファイル	268
レイアウトの種類	230
レイアウトの変更	231
枠線なし	255
枠を付けて印刷	278

■お問い合わせについて

本書に関するご質問については、本書に記載されている内容に関するもののみとさせていただきます。本書の内容と関係のないご質問につきましては、一切お答えできませんので、あらかじめご了承ください。また、電話でのご質問は受け付けておりませんので、必ずFAXか書面にて下記までお送りください。
なお、ご質問の際には、必ず以下の項目を明記していただきますようお願いいたします。

1　お名前
2　返信先の住所またはFAX番号
3　書名（今すぐ使えるかんたん
　　Word & Excel & PowerPoint 2019）
4　本書の該当ページ
5　ご使用のOSとソフトウェアのバージョン
6　ご質問内容

なお、お送りいただいたご質問には、できる限り迅速にお答えできるよう努力いたしておりますが、場合によってはお答えするまでに時間がかかることがあります。また、回答の期日をご指定なさっても、ご希望にお応えできるとは限りません。あらかじめご了承くださいますよう、お願いいたします。

■問い合わせ先

〒162-0846
東京都新宿区市谷左内町21-13
株式会社技術評論社　書籍編集部
「今すぐ使えるかんたん Word & Excel & PowerPoint 2019」質問係
FAX番号　03-3513-6167

https://book.gihyo.jp/116/

■お問い合わせの例

FAX

1　お名前
技術　太郎

2　返信先の住所またはFAX番号
03-XXXX-XXXX

3　書名
今すぐ使えるかんたん
Word & Excel & PowerPoint
2019

4　本書の該当ページ
168ページ

5　ご使用のOSとソフトウェアのバージョン
Windows 10
Excel 2019

6　ご質問内容
セルを結合できない。

※ご質問の際に記載いただきました個人情報は、回答後速やかに破棄させていただきます。

今すぐ使えるかんたん
Word & Excel & PowerPoint 2019

2019年　7月　6日　初版　第1刷発行
2022年　2月19日　初版　第2刷発行

著　者●技術評論社編集部＋AYURA＋稲村暢子
発行者●片岡 巌
発行所●株式会社　技術評論社
　　　　東京都新宿区市谷左内町21-13
　　　　電話　03-3513-6150　販売促進部
　　　　　　　03-3513-6160　書籍編集部

装丁●田邉 恵里香
本文デザイン●リンクアップ
DTP●技術評論社制作業務部
編集●早田 治
製本／印刷●大日本印刷株式会社

定価はカバーに表示してあります。

落丁・乱丁がございましたら、弊社販売促進部までお送りください。
交換いたします。
本書の一部または全部を著作権法の定める範囲を超え、無断で複写、複製、転載、テープ化、ファイルに落とすことを禁じます。

©2019　技術評論社

ISBN978-4-297-10267-8 C3055
Printed in Japan